HANDMADE NATURAL COSMETICS

# 自然素材で手づくり！
# メイク＆基礎化粧品

自然のめぐみをからだにもらおう

中村 純子

学陽書房

# 自然のめぐみを からだに もらおう

人によって肌の悩みはさまざまですが、私のいちばんの悩みはニキビでした。子どもの頃からの美容への興味が高じて、高校に通いながら美容学校に入学。ヘアメイクだけでなく、メイクアップ、マニキュア＆ペディキュア、フェイシャルマッサージから美容理論や皮膚科学まで、どれも夢中になって勉強し、いろんな方法を自分の肌にも試していたのですが、どうしてもニキビは治らなかったのです。

あるとき「自然なものだから」とすすめられて、クレイ（エステサロンの泥パックの、あの泥です）に興味をもちました。クレイを使った洗顔を始めてから、みるみるニキビが減少し、肌のクスミも消え、自分の肌がつるつるしていく変化にびっくりしました。抗生物質を服用しなければ治らない大きなニキビが時々できていたのですが、クレイを使うようになってからは、ほとんどできなくなりました。このとき自然な素材の力を、初めて実感したのでした。

自然素材で手づくり！メイク＆基礎化粧品
# Introduction

同じ悩みをもつ友だちにクレイをすすめると、みんなの肌の状態も改善されて、ひどいニキビで悩んでいた友だちは明るくなり、笑顔も多くなりました。このとき、**女性にとって肌が健やかで美しい状態にあることは、すごく大事なこと**なのだとあらためて思ったのです。

「これはどこで買えるの？」「ほかにもこんないい化粧品があるの？」と友だちから聞かれるようになり、このころから自分で化粧品がつくれないだろうかと自然な原材料やレシピを探すようになりました。私自身、肌の色が白いほうなので、自分の肌にピッタリ合ったファンデーションが見つからず、「肌の色って人によってさまざまなのに、どうして5、6種類の色しかないのかな？」と、ずっと思っていたのです。
本格的に化粧品を手づくりするようになったのは渡米してからのことです。
自然の素材で、自分の好きなカラーや肌に合う化粧品を一からつくりはじめてみたのです。
何度も何度も失敗を繰り返し、使い心地のよいものをつくりだすまでにとても時間がかかりました。でも、世界でたった一つしかない、自分の肌に合った化粧品ができたときは嬉しくて嬉しくて仕方がありませんでした。
いろいろと工夫しながらつくっているうちに、レシピもとてもシンプルなものになっていきました。

手づくりの化粧品は、からだにやさしくて、肌をとても健やかに保ってくれます。出産後、化学薬品や香料に敏感になった私は、エッセンシャルオイルを取り扱うだけでもかゆみを感じるときがあります。ですから、私が自分で使っているオリジナルレシピは、自分に合った色のメイク化粧品がつくりたい方だけでなく、ナチュラルなスキンケアがしたい方、肌に合う化粧品がなくて困っている方など、多くの方に喜んでいただけると思います。
ぜひ、たくさんの方に、このレシピを使って、美しく、健やかな肌を保ち、自分だけのメイクを楽しんでいただけることを願っています。

# CONTENTS

自然のめぐみをからだにもらおう ……… 2

手づくりを楽しもう ……… 6

**Chapter ❶ 手づくりでメイクアップ**

自然素材でファンデーションをつくろう! …… 10
パウダーファンデーション／プレストファンデーション／
リキッドファンデーション

口紅もナチュラルカラーで手づくり …… 14
基本のリップクリーム／口紅／リップグロス／
メンソールリップクリーム

私だけの色がつくれるアイシャドー …… 18
アイシャドー／アイライナー

肌をより美しく見せるパウダーたち …… 22
チーク／コントロールカラー／シェイディングパウダー／
ハイライティングパウダー／シャインコントロールパウダー

地球からの贈り物
自分だけの色がつくれるカラーラント …… 26

**Chapter ❷ 自然のめぐみでスキンケア**

素肌美人になるせっけんをつくろう …… 30
はちみつせっけん／ファンゴソープ／デザートクレイソープ／
抹茶せっけん／グレープフルーツのせっけん／
ローズウッドのせっけん／オレンジのせっけん

肌をつるつるにしてくれるクレイ …… 34
クレイマスク／ボディパウダー

しっとりうるおうスキンケアウォーター …… 38
クリスタルウォーター／ウィッチヘーゼルアストリンゼント／
ジュニパーベリートーナー／アロエベラトーナー

### お肌に効くクリームたち ……………… 42
ペネトレイティングクリーム／マンゴスムージングクリーム／
ファーミングクリーム／ミルクローション

### 簡単がうれしいシンプルクリーム ………… 46
マンゴボディバター／アロエボディバター／
レシチンクリーム／クレンジングオイル

### 日焼けから素肌を守りたい ………………… 50
サンブロッククリーム／サンブロックローション／日焼け止め
リップクリーム／日焼け後のスキンケアクリーム

### 手づくり化粧品Q&A …………………………… 54

## Chapter ❸ あなたの肌に合わせたスキンケアを …… 56
ノーマルスキン／ドライスキン／オイリースキン／
コンビネーションスキン／敏感肌／ヘアケア／
ネイルケア／ひじ・ひざ・かかと／妊娠中、出
産後のスキンケア／赤ちゃんのスキンケア

## Chapter ❹ お肌のトラブルをケアする …………………… 68
ニキビ／シミや日焼けに／シワやたるみ、老化に／
トラブルのケアQ&A

## Chapter ❺ からだにやさしい自然からの贈り物 …… 72
肌をいたわる自然の力／クレイ／スキンケアオイル／
植物性バター／ワックス／乳化剤／天然防腐剤／
エッセンシャルオイル

材料を手に入れる方法 ……………………………… 84
終わりに ……………………………………………… 86
参考文献 ……………………………………………… 87

# 手づくりを楽しもう

手づくり化粧品のよさは、自分の肌に合った化粧品がキッチンで簡単につくれることです。好きな香りを選んだり、カラフルなパウダーをまぜあわせる作業は、とても楽しいものです。

道具や材料も、台所にあるものをそのまま使ったり、薬局や通販で簡単に買えるものばかりで、費用のほうも市販の化粧品を購入することを考えるとずっと安上がりです。

自分の肌に合う化粧品がなかなか見つからなくて困っている人も、自分で手づくりすれば、自分の肌にいい材料だけを使うことができます。シミの原因になりやすいミネラルオイルを植物性オイルに置き換えたりして、肌にやさしい化粧品をつくることができるのです。いつも新鮮な化粧品が使えて、どんな材料を使っているのか把握できるため安心です。

## こんな道具があると便利！！

手づくり化粧品をつくるのに
必要な道具は
全部キッチンにあるものでOK

- アイスクリーム用の木べら
- 木のスプーン
- 耐熱ガラスのカップ
- ビーカー
- 計量スプーン
- 温度計
- 薄手のゴム手袋
- ステンレスのボウル
- クリーム用へら
- 耳かきサイズスプーン
- チャック付きのビニール袋
- ガラスのかきまぜ棒

### 消毒と天然の防腐剤を

化粧品の腐敗や変質を防ぐため、化粧品づくりには、煮沸消毒、熱湯消毒やアルコール消毒をした道具や容器を使うようにしましょう。煮沸消毒なら、大きなお鍋に道具や容器を入れて20分ぐらいぐつぐつ沸騰させ、熱いうちにお鍋から出し、自然乾燥させます。アルコール（消毒用エタノールやウォッカ）や天然防腐剤のグレープフルーツシードエクストラクト（グレープフルーツの種のエッセンス）【P81】でふくだけでもOKです。
また、手づくり化粧品には必ず天然防腐剤を加えてください。

### 自分に合った良質の材料を

品質がよく、できるだけフレッシュな材料を使って化粧品をつくるようにしましょう。材料は、品質のよいものを販売しているお店から購入し、できるだけ早いうちに使い切るようにしましょう。手づくり化粧品の材料にはそれぞれの効能と特徴があり、スキンタイプに合った材料を選ぶことができます。材料の効能や特徴を参考に、自分がいちばん使い心地のよいものを選んでください。
お店によって扱っている商品は異なりますが、本書の巻末に、材料が手に入るお店の一覧が掲載されています。【P85】

### 材料のグレード

手づくり化粧品に使う材料は、スキンケアに使う化粧品用のグレードのものを選びましょう。表示やお店の説明などでよく確かめてください。化粧品用と明示しているもの、化粧品グレード（Cosmetic Grade）や医療用グレード（Medicinal Grade）、USPグレード（USP Grade:アメリカ薬局方）と明示されているものを使います。
食用オイルや未精製オイルでつくったクリームは、数日後にオイルが浮いたり、クリームが分離したりする場合があります。

### 電子レンジの使い方

電子レンジでオイルや植物性バターなどの油脂類やワックスを温めるときは、必ず約30秒ごとに取り出してかきまぜ、様子を見ながら加熱してください。
電子レンジでは材料が均等に加熱されず、温度の高い部分と低い部分ができてしまうので、均等に温めるためにも必ずかきまぜながら加熱してください。それさえ気をつければ、電子レンジを使うと作業がラクになり、クリームもキメの細かいなめらかなものをつくることができます。

> **手づくりコスメは自己責任で**

この本のレシピは、材料がそろっていて、レシピどおりにつくれば、ほとんどの人がつくれるものだけを紹介するようにしています。上手につくれないときには、もう一度、材料やレシピを見直してみてください。

ひとりひとり肌のタイプはまったく違うので、何度もつくるなかで自分に合うレシピをつくりあげていっていただけたらと思います。

また、材料やつくった化粧品は、かならず肌に合うかどうかパッチテスト※を行ってください。腫れたり、赤くなったり、かゆくなったりしたら、その材料は使わないでください。

一般に売られている化粧品も含め、自分の肌にとって大丈夫かどうか、必ず自己責任で確認するようにしましょう。

※パッチテスト：腕の内側などにテストしたい材料などを少しだけぬってみて、1日ぐらい洗わずにそのままにして様子を見ること。

## この本の見方

本書では、レシピや材料の説明に関連して、参照が必要なページを【P○○】と表記しています。この表記があった場合には、そのページを参照してください。

## この本のなかでの材料の計り方

●大さじ、小さじ

小さじ1は、計量スプーンの小さじすりきり1杯という意味です。計量スプーンは小さじ1/8まで計れるものが売られていますので、そろえると便利です。

- ■大さじ 1 ………… 15ml
- ■小さじ 1 ………… 5ml
- ■小さじ 1/2 ……… 2.5ml
- ■小さじ 1/4 ……… 1.25ml
- ■小さじ 1/8 ……… 0.625ml

■耳かき 1 ……… 約0.05ml

耳かき1はすりきりではなく、少しだけ盛り上がっているぐらいを指します。耳かきサイズのスプーンは通販・インターネットで手に入ります。

■1滴 ………… 約0.05ml

消毒したつまようじに、材料となる液体をつけて、一滴ずつ落ちていくようにして計るか、ドロッパー付き容器やスポイトを使ってください。

# Chapter 1 手づくりでメイクアップ

# 自然素材でファンデーションをつくろう!

**自然素材でメイク化粧品が簡単につくれます!**

まずは、メイクのベースとなる、あなたの肌に合ったファンデーションをつくってみましょう!
化粧品用のコーンスターチや、紫外線を防いでくれる材料など、素材はすべて肌にやさしいものばかりです。
あなたの肌の色にぴったりの自然素材のファンデーションが、自宅のキッチンで、ほんの20分でつくれます。
自分の肌の色に合うパウダーファンデーションをつくれば、リキッドファンデーションにも、持ち運びに便利な固形タイプのファンデーションにも変幻自在です。

Loose Powder
パウダーファンデーション

### Loose Powder
## パウダーファンデーション

ナチュラルメイクにぴったりな薄づきのルースパウダー。つけ心地の軽さと肌の透明感を楽しんでください。　▶レシピ ❶

### Pressed Powder
## プレストファンデーション

持ち運びに便利な固形タイプのファンデーションも、とても簡単につくれます。　▶レシピ ❷

### Liquid Foundation
## リキッドファンデーション

肌にやさしい材料で、さらっとしたつけ心地のリキッドファンデーションです。　▶レシピ ❸

**Liquid Foundation**
リキッドファンデーション

**Pressed Powder**
プレストファンデーション

Chapter 1 手づくりでメイクアップ

# レ シ ピ

## ① パウダーファンデーション

### ●材 料

A ライトブラウン酸化鉄 ……… 小さじ 1/8
  イエロー酸化鉄 …………… 小さじ 1/8
  二酸化チタン ……………… 小さじ 1
B コーンスターチ（化粧品用）…大さじ 4〜6

### ●つくり方

**1.** Aの材料をステンレスのボウルに入れて、薄手のゴム手袋をした手でよくまぜます。

**2.** 1にBを少しずつ加えます。肌色に近くなったら、腕の内側などにつけて色味を見ます。必要ならさらにBを加えます。

**3.** 2をやわらかいゴムや樹脂、プラスチックなどでできているボード（密封容器のフタでもOK）にのせ、平らな木のヘラでパウダーを押しつけるようにていねいにすりあわせます。やりやすいように工夫してください。

## ② プレストファンデーション

### ●材 料

パウダーファンデーション ……… 小さじ 1
ココナッツオイル …………………… 5滴
グリセリン ………………………… 小さじ 1/8
グレープフルーツシードエクストラクト …1滴
無水エタノール ………… 小さじ1/2前後

### ●つくり方

【P25】のプレストパウダーのつくり方と同じ。

## ③ リキッドファンデーション

### ●材 料

A ミルクローション【P44】……… 小さじ 2〜3
  グリセリン ………………………… 小さじ 1/4
  ウォッカ（オプション）………… 小さじ1/4
B パウダーファンデーション …… 小さじ 1

### ●つくり方

Aの材料をまぜあわせ、そこにBを少しずつまぜて、使いやすい濃度にします。ウォッカを加えるとつけ心地がサラッとします。使う前には、よくふってください。

●2の作業のときに、粉をボウルに押しつけるようにしながら、力を入れてよくまぜてください。
　さらに、3の作業をすると、材料が均一にまざって、肌につけたとき色味がまだらになったりしません。

# Recipes

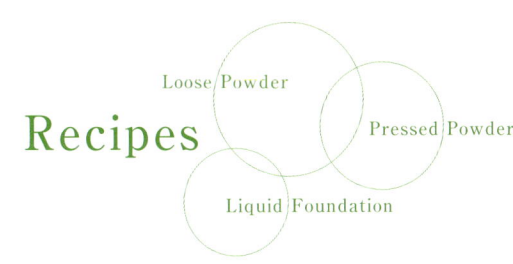

## あなたの肌の色に合わせて…

■色白の方は
酸化鉄の量をレシピの半分にしてみてください。

■肌色が濃い方
ライトブラウン酸化鉄を多く入れるか、ミディアムブラウンやダークブラウンの酸化鉄を使ってください。

■黄色味の強い方
イエロー酸化鉄の量を増やしてください。

■ピンク系の方
最初は、イエロー酸化鉄なしでつくってみてください。色味を見ながら後から加えてください。

## おもな材料について

**グレープフルーツシードエクストラクト**
グレープフルーツの種からとれる天然の防腐剤。通販・インターネットで購入できます。

**ココナッツオイル【P77】**
本書のレシピのココナッツオイルは、アロマセラピー用に精製された液体のものを使ってください。ココナッツオイルは紫外線の刺激を緩和します。

**コーンスターチ（化粧品用）**
小さじ1＝約3gの白い粉末。通販・インターネットで180g600円から販売。ベジタブルタルク、メイズスターチとも呼ばれています。とうもろこしが原料です。市販のファンデーションやベビーパウダーの基剤には滑石を粉末にしたタルクがよく使われていますが、アメリカではタルクフリーを求める人が増え、コーンスターチを原料にした化粧品が増えています。

**酸化鉄【P26〜29】**
酸化鉄は、伝統的に化粧品に使われてきた安全な顔料で、取り扱い業者により色は多少異なります。ひとつのレシピに微量しか使わないので、気に入った色を買って、いろんなレシピに使いましょう。酸化鉄は小さじ1＝約4gの粉末で、通販・インターネットで5g120円から販売。

**二酸化チタン**
小さじ1＝約4gの白い粉末。薬局で取り寄せ可。通販・インターネットで5g100円から購入可能なサイトもあります。紫外線を遮断する効果が高く、発汗を抑え、肌に透明感を与え、シミ、シワや毛穴を目立たなくします。食べ物にも使われています。

# 口紅も
# ナチュラルカラーで
# 手づくり

### あなた好みのさまざまな
### カラーの口紅が、
### 自宅で簡単につくれます

保湿力の高い、唇や肌にやさしいキャスターオイル（ひまし油）で好みの色の口紅をつくってみませんか？
材料を電子レンジや湯せんで溶かして、まぜるだけ！ ちょっとしたお菓子づくりよりも簡単です。
口紅の色は、P26〜29に紹介されている色とりどりの安全なカラーラント（色づけの素材）から選べます。香りをつけたい方はフレイバーオイルを加えて、香りづけも楽しんでください。

#### Basic Lip Balm
### 基本のリップクリーム
柔らかめにつくるとワセリンがわりにも。アイメイクアップリムーバーや、乾燥肌、赤ちゃんのスキンケアにも使えます。　▶レシピ❶

#### Medicated Lip Balm
### メンソールリップクリーム
私は冬に唇が荒れやすくこのリップが欠かせません！ メンソールには炎症を抑える効果があります。　▶レシピ❹

Chapter 1　手づくりでメイクアップ

**Lipsticks**
## 口紅
P26～29のカラーラントを使って、自分に合うカラーをいろいろ試してみてください。　▶レシピ❷

パールピンク
ピンク
レッド
ブラウン
オレンジ
バイオレット

レッドグロス
オレンジグロス
ピンクグロス

**Lip Glosses**
## リップグロス
肌にいいビタミンEオイルを使ったすぐれものです。　▶レシピ❸

15

# Chapter 1 手づくりでメイクアップ

# レシピ

## ① 基本のリップクリーム
（口紅のつくり方も同じです）

### ●材料

A　キャスターオイル ……………… 小さじ 4
　　［濡れた感じを出したい場合はキャスターオイ
　　ル小さじ3、ビタミンEオイル小さじ1］
　　キャンデリラワックス ………… 小さじ 1
B　グレープフルーツシードエクストラクト ……1滴
C　フレイバーオイル（オプション）… 4〜8滴

### ●つくり方

**1.** Aを耐熱容器に入れ、電子レンジで約30秒ごとにかきまぜながら、または湯せんで完全に溶かし、よくまぜます。

**2.** 1がよくまざったら、BとCをまぜます。口紅の場合は、ここでカラーラントをまぜます。

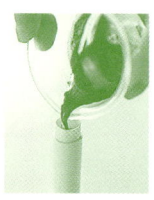

**3.** 熱いうちに容器に移し、冷めたらできあがり。リップスティック容器の場合は、冷めてから先端をワイヤーでカットして平らにすると、新品のように見えます。

●口紅やリップクリームは、何度も溶かしてつくり直しできます。

## ② 口紅

基本のリップクリームのレシピの材料（分量も同じ）に、以下のカラーラント（色づけの材料。本書では安全性の確認されているものに絞って紹介しています。【P26〜29】）を加えます。

### ●材料

■レッド
レッド酸化鉄 …………… 小さじ 1/4〜1/2
■パールピンク
チェリーピンクマイカ ……… 小さじ 1以上
■ピンク
レッド酸化鉄 ………………… 小さじ 1/4
コーラルマイカ ……………… 小さじ 3/4
■オレンジ
オレンジマイカ ……………… 小さじ 1以上
■バイオレット
バイオレットマイカ ………… 小さじ 1以上
■ブラウン
レッド酸化鉄 ………………… 小さじ 1/4
ブロンズマイカ ……………… 小さじ 3/4

### ●つくり方

基本のリップクリームと同じ。

# Recipes

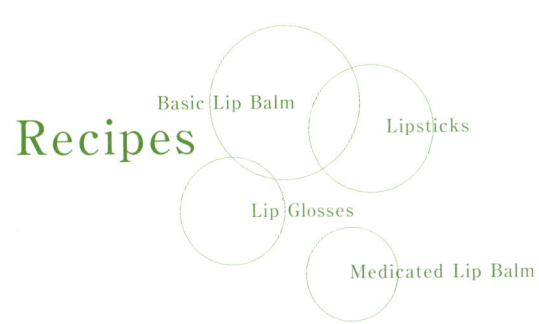

Basic Lip Balm
Lipsticks
Lip Glosses
Medicated Lip Balm

## ③ リップグロス

### ●材料

ビタミンEオイル ……………… 小さじ1

> ビタミンEオイルは、はちみつ状の濃厚なタイプ
> を選んでください。キャスターオイル小さじ1に
> 基本のリップクリーム小さじ1/2でも代用できます。

フレイバーオイル（オプション）……1〜2滴

以上の材料に好みのカラーラントをまぜる

■ピンク ピンクマイカ……………… 適量
■レッド コーラルマイカ……………… 適量
■オレンジ オレンジ系レッド酸化鉄… 適量

### ●つくり方

オイルに（基本のリップクリームを加える場合は加熱して溶かしてから）カラーラントを好みの色になるまで少しずつ加えます。

## ④ メンソールリップクリーム

### ●材料

基本のリップクリームの材料（分量も同じ）
メンソールクリスタル…耳かき山盛り1〜2杯

### ●つくり方

基本のリップクリームと同じ。

## おもな材料について

### カラーラント【P26〜29】

酸化鉄（小さじ1＝約4g）が多いほどしっかりと色がつき、自然の鉱石を細かく砕いたマイカ（小さじ1＝約2g）はつやと透明感を出してくれます。ホワイトマイカはキラキラとラメが入ったような感じになります。口紅に使えるグレードのものを選んでください。通販・インターネットで手に入ります。

### キャスターオイル（ひまし油）

薬局で手に入ります。透明ではちみつのようにどろっとしたオイル。保湿効果に優れ、スキンケア用品や口紅のメインオイルとして使われています。キャスターオイルの量が多いほど、唇に色のつきやすいやわらかいリップクリームになります。好みで量を調節してください。

### キャンデリラワックス

小さじ1が約3g。通販やインターネットで50g400円程度から買えます。植物から採取された黄色いワックスで、軟膏や口紅をつくるのに使われます。

### フレイバーオイル

食用の香りづけのオイル。チョコやミントなどさまざまな香りがあり、通販・インターネットで購入できます。

# 私だけの色が
# つくれる
# アイシャドー

**デリケートな目元を
安心素材で楽しめる!**

P26〜27に紹介しているさまざまな色のカラーラントを使って、アイシャドーも手づくりできます。

本書で紹介するカラーラントは、ミネラルや土などからつくられる無機ピグメント(顔料)で安全性が確認されているものに絞っています。

そのままアイシャドーとして使えるカラーラントもたくさんあります。気分次第でカラーバリエーションを楽しんでください。

また、買ってみたものの、あまり似合わなくて使わないまま眠っているアイシャドーはありませんか? カラーラントをまぜて、好きな色につくりかえることができます。

## Chapter 1 手づくりでメイクアップ

ブラックアイライナー
ブラウンアイライナー
ピンク
パステルピンク
グリーン
パステルグリーン
バイオレット
パステルバイオレット
ブルー
パステルブルー
イエロー
パステルイエロー
パール（パールホワイトマイカ）
ラメ入りパール（ホワイトマイカ）
ブラウン
パステルブラウン

**Eye Shadows**
## アイシャドー
自然の材料で、数えきれないほどのカラー
バリエーションが楽しめます。　▶レシピ❶

**Eyeliners**
## アイライナー
水とカラーラントを使ったケミカルフリーの
アイライナーです。　▶レシピ❷

## Chapter 1 手づくりでメイクアップ
# レシピ

## ① アイシャドー
### ●材 料
**■ブルー**
ウルトラマリーンブルー …………… 小さじ 3/4
パールホワイトマイカ ……………… 小さじ 1/4
**■グリーン**
水酸化クロム ………………………… 小さじ 3/4
パールホワイトマイカ ……………… 小さじ 1/4
**■イエロー**
イエロー酸化鉄 ……………………… 小さじ 1/2
パールホワイトマイカ ……………… 小さじ 1/2
**■ブラウン**
ライトブラウン酸化鉄 ……………… 小さじ 3/4
ブロンズマイカ ……………………… 小さじ 1/4
**■ピンク**
ウルトラマリーンピンク …………… 小さじ 3/4
パールホワイトマイカ ……………… 小さじ 1/4
**■バイオレット**
マンガンバイオレット ……………… 小さじ 3/4
パールホワイトマイカ ……………… 小さじ 1/4

### パステルカラー
**■パステルブルー**
ウルトラマリーンブルー ………… 耳かき 2〜3
パールホワイトマイカ ……………… 小さじ 1弱
**■パステルグリーン**
水酸化クロム …………………… 耳かき 2〜3
パールホワイトマイカ ……………… 小さじ 1弱

**■パステルイエロー**
イエロー酸化鉄 ………………… 耳かき 2〜3
パールホワイトマイカ ……………… 小さじ 1弱
**■パステルブラウン**
ブロンズマイカ ……………………… 小さじ 1/8
パールホワイトマイカ ……………… 小さじ 7/8
**■パステルピンク**
ウルトラマリーンピンク ………… 耳かき 2〜3
パールホワイトマイカ ……………… 小さじ 1弱
**■パステルバイオレット**
マンガンバイオレット …………… 耳かき 2〜3
パールホワイトマイカ ……………… 小さじ 1弱

### パールカラー
**■パール**
パールホワイトマイカ ……………… 小さじ 1
**■ラメ入りパール**
ホワイトマイカ ……………………… 小さじ 1

### ●つくり方
材料をよくまぜる。

## ② アイライナー
### ●材 料
**■ブラック**……ブラック酸化鉄
**■ブラウン**……ブラウン酸化鉄
このほか好きなカラーをお試しください。

### ●使い方
水を含ませた筆につけるか、やわらかめにつくった基本のリップクリームとまぜて使う。

# Recipes

Eye Shadows　Eyeliners

## アイシャドーやアイライナーを
## 固形のプレストパウダーにしたい場合

### ●材料

プレストしたいアイシャドー ……… 小さじ1
ココナッツオイル ………………………5滴
グリセリン …………………… 小さじ1/8
グレープフルーツシードエクストラクト※1 …1滴
無水エタノール※2 ……… 小さじ1/2前後

### ●つくり方

【P25】のプレストパウダーのつくり方と同じ。

---

※1 カラーラントをそのまま目元につけるとかゆくなる場合があるので、一度アルコールや天然防腐剤のグレープフルーツシードエクストラクト【P81】で滅菌し、完全に乾燥させて使用してください。

※2 アルコールを使いたくない場合は、無水エタノールを使わず、グリセリンの量を増やしてください。粉を押しつぶすとスプーンに付着する程度まで全体を湿らせたら、容器に入れて上からぐっと押し固めて乾燥させます。

---

●保存性を高めるため、毎回清潔な綿棒やチップを使いましょう。かゆみを感じたら使用を中止し、そのアイシャドーは捨てましょう。アイシャドーに香料は使わないでください。

## おもな材料について

### カラーラント【P26～29】

ミネラルや土からつくられる酸化鉄やウルトラマリーン、マンガンバイオレットやマイカ類などがアイシャドーに使われます。それぞれ小さじ1＝2～4gの粉末で、通販・インターネットで5g120円から販売。種類によっては目のまわりに使えないものもあるので注意してください。好きなカラーをブレンドせずに使ってもOK。ラメ入りアイシャドーをつくる場合はパールホワイトマイカのかわりにホワイトマイカを使ってください。

### グリセリン

薬局で手に入ります。粘性のある透明な液体で、保湿力を高める効果があります。アイシャドーをプレスするのに使う場合、水分を抑えるため、グリセリン分99.5％以上のものをおすすめします。純度の高いグリセリンは、はちみつのようにトロッとしています。

### 無水エタノール

カラーラントを目のまわりに使うときは、必ずアルコールとまぜて殺菌し、完全に乾いてから使ってください。水分が残ると細菌が繁殖しやすくなり、トラブルの原因になるので、アルコール分99％以上の無水エタノールで消毒するとよいでしょう。薬局で手に入ります。

# 肌をより美しく見せる
# パウダーたち

**チークや
コントロールカラーも
自分でつくれる!**

シミの原因になるといわれるミネラルオイルやタール色素をいっさい使わないチークやコントロールカラーの簡単なつくり方を紹介します。
チークやコントロールカラーを使うと、顔色をより健康的に美しく見せることができます。
また、顔全体に1色のパウダーを使うより、部分的に明るいパウダーや、影をつくるパウダーを使って、目鼻立ちをはっきりさせることで、より美しく見せることができます。安心できる材料であなたの肌の色に合ったものをつくって、よりナチュラルなメイクを試してみてください。

Chapter ① 手づくりでメイクアップ

**Shading Powder**
### シェイディングパウダー
顔の影の部分をつくり、自然な立体感を演出してくれるパウダーです。ブラウン系チークとしてもお使いください。
▶レシピ ❸

**Highlighting Powder**
### ハイライティングパウダー
光の当たる部分にこのハイライティングパウダーを使って、顔の立体感をつくりだせます。
▶レシピ ❹

**Blush**
### チーク
頬だけなく、血色をよくするために顔全体に軽くブラッシングして使うこともできます。
▶レシピ ❶

**Color Correctors**
### コントロールカラー
イエローは頬の赤味や、目の下のくまをきれいにカバーします。グリーンは肌の赤い部分や傷跡をカバーしてくれます。
▶レシピ ❷

**Shine Control Powder**
### シャインコントロールパウダー
光の当たるTゾーンがオイリーな方に、テカリ防止にとても効くパウダーをご紹介します。
▶レシピ ❺

 手づくりでメイクアップ

## ❶ チーク

### ●材 料
A レッド酸化鉄※ ……………… 小さじ 1/8
　二酸化チタン ………………… 小さじ 1/8
B コーンスターチ（化粧品用）…… 小さじ 4

### ●つくり方
**1.** Aをステンレスのボウルに入れて、薄手のゴム手袋をした手でよくまぜあわせます。

**2.** 1に少しずつBを加えて色を調整していきます。だいたい色味が整ったら、やわらかいゴムや樹脂、プラスチックなどでできているボード（密封容器のフタでもOK）の上にのせ、平らな木のヘラでパウダーを押しつけるようにすりあわせます。やりやすいように工夫してください。

> ※レッド酸化鉄は種類によってバイオレットに近いものからブラウンに近いものまであります。自分の好みに合ったレッド酸化鉄を選んでつくってください。色の白い方の場合、レッド酸化鉄を半分の量に減らしてつくってみてください。

## ❷ コントロールカラー

### ●材 料
■イエロー
A イエロー酸化鉄 …………… 小さじ 1/8
　二酸化チタン ………………… 小さじ 1/8
B コーンスターチ（化粧品用）…… 小さじ 4

■グリーン
A 水酸化クロム ……………… 小さじ 1/8
　二酸化チタン ………………… 小さじ 1/8
B コーンスターチ（化粧品用）…… 小さじ 4

### ●つくり方
チークと同じ。

## ❸ シェイディングパウダー

### ●材 料
A ライトブラウン酸化鉄 ……… 小さじ 1/8
　二酸化チタン ………………… 小さじ 1/8
B コーンスターチ（化粧品用）…… 小さじ 4

### ●つくり方
チークと同じ。

# Recipes

Blush
Color Correctors
Shading Powder
Highlighting Powder
Shine Control Powder

## ④ ハイライティングパウダー

### ●材料

パールホワイトマイカ …………… 小さじ 1

そのまま直接肌につけて使います。ラメ感がほしい場合は、ホワイトマイカを加えてください（パールホワイトマイカはパール感を、ホワイトマイカはラメ感を出すのに使います）。【P26〜29】

## ⑤ シャインコントロールパウダー

### ●材料

パールホワイトマイカ …………… 小さじ 1
二酸化チタン ………………………小さじ 1/8
酸化亜鉛※ ………………………小さじ 1/4
コーンスターチ（化粧品用）……… 小さじ 2

### ●つくり方

材料をよくまぜる。

※酸化亜鉛は肌を乾燥させる作用があります。肌の状態に合わせて量を加減してください。

●ハイライティングパウダーとシャインコントロールパウダーは顔の光の当たる部分に、シェイディングパウダーは影になる部分に使ってください。

光の部分：額の中央、頬骨のあたり、眉間から鼻筋、目の下から頬骨の上のあたり、下唇とあご先の間
影の部分：髪の毛の生え際、鼻筋の両サイド、こめかみから頬の落ち込んだ部分、あごの下

## プレストパウダーのつくり方

### ●材料

プレストしたいパウダー ………… 小さじ 1
ココナッツオイル ………………………5滴
グリセリン …………………………小さじ 1/8
グレープフルーツシードエクストラクト …1滴
無水エタノール …………………小さじ1/2前後

### ●つくり方

**1.** 材料をまぜあわせ、プレスしたい容器にのせます。

**2.** 表面が平らになるように軽くとんとんと振動をあたえます。アルコールが完全に蒸発したらできあがり。

## おもな材料について

グレープフルーツシードエクストラクト【P81】
コーンスターチ（化粧品用）【P13】
酸化鉄、水酸化クロム　　【P26〜29】
二酸化チタン、酸化亜鉛　【P53】

## 地球からの贈り物
## 自分だけの色がつくれる カラーラント

カラーラントは手づくり化粧品の色づけに使われる色の素材たちです。ここに紹介しきれないほどのさまざまな色があり、好きな色を自由に選んであなたの好みの化粧品をつくることができます。

本書で紹介しているのは、安全性が確認されている素材ばかり。ミネラルや土からつくられる酸化鉄、ウルトラマリーン、マンガンバイオレットやマイカ（雲母）など、安心して使えるものだけを選んでいます。

ぜひ、色とりどりのカラーラントの世界を探検して、あなたのオリジナルの化粧品をつくってみてくださいね！

# COLORANTS

地球からの贈り物
# 自分だけの色がつくれるカラーラント

## カラーラントについて

手づくり化粧品に使われるカラーラントには、パウダー、ジェルタイプとリキッドタイプがありますが、この本のレシピではパウダーだけを扱っています。パウダーには、ミネラル、土、金属化合物などからつくられる無機ピグメント※と、主に石油からつくられる有機ピグメントやカーボンピグメントなどがあります。
ここでは無機ピグメントのなかでも安全性の確認されている酸化鉄、水酸化クロム、マンガンバイオレット、ウルトラマリーン、マイカだけを紹介しています。
コスメティックグレードのカラーパウダーはアイシャドーやフェイスパウダーの着色に使いますが、種類によって、口紅やアイシャドーに使用できないものがあります。購入するときに確認してください。
取り扱い業者によって多少色が異なります。

※ピグメントとは顔料のことです。

### ■ 酸化鉄
【Iron Oxides - $Fe_2O_3$】
Color：イエロー、レッド、ブラウン、ブラック
鉄を酸化させてつくられたもので、安全な顔料として、幅広く化粧品の着色に使われています。

### ■ 水酸化クロム
【Hydrated Chromium Oxide - $Cr_2O_3 \cdot H_2O$】
Color：グリーン
透明感のあるグリーン。幅広く化粧品に使われています。下地クリームに加えてグリーンの下地をつくったり、カラーコントロールパウダーとして使われます。

### ■ マンガンバイオレット
【Manganese Violet - $MnHN_4P_2O_7$】
Color：バイオレット、レディッシュパープル
スミレ色をしたピグメントで、アイシャドーに使われています。マンガニーズバイオレットともいいます。

### ■ ウルトラマリーン
【Ultramarines - $Na_6Al_6Si_6O_{24}S_4$】
Color：ブルー、ダークブルー、ピンク＆バイオレット
ウルトラマリーンは、アイシャドーなどによく使われているきれいな色です。取り扱っている業者によりさまざまな色があります。

# COLORANTS

### ■マイカ
【Mica Group -
Biotite, Muscovite, Lepidolite, Phlogopite etc.】
マイカとは雲母のことで、成分の違いからバイオタイト、マスコバイト、レピドライトやフロゴパイトなどに分類されます。

### パールマイカ
【Pearlescent Micas】
マイカをベースに酸化鉄や二酸化チタンでコーティングしてパールのような輝きを出しています。パールバイオレット、パールブルー、パールグリーン、パールレッド、パールゴールド、パールレインボー、パールホワイトがあり、見た目は白いマイカですが、光に当たるとそれぞれの色に輝きます。

### カラーマイカ
【Colored Micas】
カラーマイカは、マイカにさまざまなカラーのピグメントをコーティングしてカラーをつくったもので、ゴールドマイカは酸化鉄と二酸化チタンでコーティングして発色させています。カラーマイカは数えきれないほどのたくさんの色があり、直接アイシャドーとして使える上品できれいな色がたくさんあります。

### 市販の透明なマスカラを利用して
透明なマスカラを利用し、ブラシにカラーパウダーをつけると、自分の好きなカラーのマスカラになります。使用するときは目元に使えるカラーラントかどうか確認してお使いください。

### 市販の透明なマニキュアを利用して
トップコートのような透明なマニキュアを利用し、マニキュアのブラシに好きなカラーパウダーをつけて、つめにぬって使うと、毎回色々なカラーが楽しめます。マニキュアに使えるかどうかを確認してお使いください。マニキュアはつめを痛めてしまいますので、ネイルケア【P63】もお忘れなく!

### 市販の口紅とアイシャドーを利用して
市販の口紅やアイシャドーをカラーラントを使って自分の好きな色にかえることができます。口紅の場合、口紅を溶かして酸化鉄やマイカを加えて好きな色に調節します。アイシャドーの場合は、カラーラントをそこにまぜあわせてください。
使い終わった市販の化粧品の容器も手づくり化粧品に利用してくださいね!

# Chapter 2 自然のめぐみでスキンケア

# 素肌美人になる
# せっけんをつくろう

なんといっても、スキンケアの基本は洗顔です。
洗顔は、せっけんで顔をこするのではなく、せっけんをよく泡立て、泡で顔を包みこむようにやさしく洗うのがポイントです。
ここでは保湿成分のグリセリンをたっぷり含んでいるM&Pグリセリンソープを使ったレシピをご紹介しましょう。
保湿作用のあるはちみつや、美白やニキビに効果があるクレイ(粘土)をまぜこんだせっけんや、自分の好きなエッセンシャルオイルを入れたせっけんなど、洗顔やお風呂が楽しくなるレシピたちです。とくにローズウッドのエッセンシャルオイルは子どもにも安心して使える香りのよい精油で、私の好きなせっけんのひとつです。

## 自然のめぐみたっぷりのせっけんたち

### Honey Soap
### はちみつせっけん
はちみつのビタミンやミネラルと、殺菌、収斂、漂白作用を生かしたせっけんです。

### Fango Soap
### ファンゴソープ
美白効果が高く、ニキビにも効果的なマリーンファンゴクレイをまぜこんだせっけんです。

### Desert Clay Soap
### デザートクレイソープ
ファンゴソープよりマイルド。ファンゴソープで肌がきれいになった後にお使いください。

### Green Tea Soap
### 抹茶せっけん
フェイシャルソープにピッタリのビタミンCとEが含まれた、殺菌作用のあるせっけん。

Chapter ② 自然のめぐみでスキンケア

# レ シ ピ

## M＆Pグリセリンソープって？

Melt(溶ける)＆Pour(注ぐ、流す)グリセリンソープは、電子レンジで溶かして、冷やして固めて使うクラフトソープです。オイルや水酸化ナトリウム（苛性ソーダ）を使う本格的なせっけんづくりよりずっと簡単で、危険な薬品を使わないため、小さな子どもと一緒にせっけんづくりを楽しむこともできます。M＆Pグリセリンソープを使うと、クレイやエッセンシャルオイル（精油）など、好きな材料をまぜこんだ手づくりせっけんが、1個分から簡単につくれます。ただし、クラフトソープとして販売されていないものは電子レンジで溶けない場合があります。

### お肌にやさしいマイルドソープ

グリセリンソープは普通のせっけんに比べてグリセリンと水分が40％ほど多く含まれているため水に溶けやすく、せっけん成分を皮膚に残しません。必要な皮脂まで奪わない、肌にやさしいせっけんです。アメリカの病院では、赤ちゃん、敏感肌やドライスキンの方にグリセリンソープを使うようすすめています。

### グリセリンソープの選び方

パラベン、エデト酸塩、SLS（ラウリル硫酸ナトリウム）などのお肌にトラブルを起こすといわれる成分が含まれている場合もありますので、不要な成分が含まれているせっけんはできるだけ避けましょう。
透明なグリセリンソープには、アルコールやプロピレングリコールが使われていますが、それらを含まない透明なピュアグリセリンソープもあります。

### グリセリンソープの種類

せっけんの原料にココナッツオイルを使うと泡立ちがよくなるため、グリセリンソープもココナッツオイルを使ったものが多いのですが、超ドライスキンの方には洗浄力が強すぎる場合があります。
より肌にやさしいグリセリンソープをつくるために、オリーブオイルをメインに使ったオリーブグリセリンソープやゴートミルクが配合されたゴートミルクグリセリンソープもつくられるようになりました。あなたの肌に合ったせっけんを探してみてください。

# Recipes  Soaps

## 手づくりのせっけんのつくり方

### ●材料
A M&Pグリセリンソープ ………… 100g
B まぜる材料
　（クレイやエッセンシャルオイルなど）※

### ●つくり方

**1.** グリセリンソープを小さく切って、耐熱容器に入れ、電子レンジで15秒ずつ様子を見ながら溶かします。

**2.** 溶けたグリセリンソープ大さじ1、またはグリセリン大さじ1に、Bをよくまぜてから、溶けたグリセリンソープ全体にまぜます。

**3.** せっけんの型に流し込み、冷めたら取り出してできあがりです。

※クレイの詳しい説明はP34〜37とP74〜75、エッセンシャルオイルはP82〜83を参照してください。

●せっけんを流し込む型（モールド）は通販やインターネットで手に入ります。牛乳パックや紙コップで代用してもOK。

## それぞれのせっけんの材料

以下の材料を、
M&Pグリセリンソープ100gにまぜこみます。

■はちみつせっけん
　はちみつ ………………………… 大さじ1
■ファンゴソープ
　マリーンファンゴ ………………… 小さじ3
■デザートクレイソープ
　デザートクレイ …………………… 小さじ3
■抹茶せっけん
　抹茶 ……………………………… 耳かき1
　グリセリン ……………………… 小さじ1/4
■グレープフルーツのせっけん
　グレープフルーツエッセンシャルオイル … 8滴
■ローズウッドのせっけん
　ローズウッドエッセンシャルオイル ……… 8滴
■オレンジのせっけん
　オレンジエッセンシャルオイル ………… 8滴

### クレイソープの美白効果を確かめたい！

**1.** 気になるクスミの部分をデジカメで撮影するか、しっかりと脳裏に焼きつけ、最低1ヵ月間は、くすんだ場所は絶対に見ない。ビキニラインを要チェック！

**2.** 本書にあるファンゴソープで気になる部分を毎日洗うこと。1ヵ月後に見直すと美白効果を実感すると思います。

# 肌をつるつるに してくれるクレイ

## 美白とニキビに抜群の効果!

クレイはミネラルを豊富に含んだ粘土(ねんど)のことで、くすんだ肌をもとに戻してくれる、とても嬉しい大自然からの贈り物です。私はクレイのおかげでニキビが治り、その美白効果にも感動して、もう10年以上愛用しています。

ミネラルを豊富に含んだクレイは、お肌を柔軟にし、毛穴の汚れをきれいに落としてくれます。殺菌作用、抗炎症作用や消臭作用もあります。

手づくりせっけんにまぜてクレイソープとして使ったり、水で溶いて顔をパックするクレイマスクにして使うほか、香りづけしてボディパウダーなどに使います。世界各地でさまざまなクレイが産出されています(詳しくは【P74〜75】)。

### Clay Mask
**クレイマスク**

クレイの色はホワイトから、ピンク、レッド、イエロー、グリーン、ブルーの順番で効力が強くなります。　　　　　　　　　　▶レシピ ❶

### Body Powders
**ボディパウダー**

ベビーパウダーや、脇や足のにおいが気になる方のデオドラントパウダーがつくれます。
　　　　　　　　　　　　　　　　▶レシピ ❷

Chapter ② 自然のめぐみでスキンケア

| | | |
|---|---|---|
| カオリン(ホワイト) | レッドモンドクレイ | ベントナイト(ホワイト) |
| カオリン(ピンク) | デザートクレイ(ローズ) | モンモリロナイト(レッド) |
| カオリン(ローズ) | デザートクレイ(グリーン) | モンモリロナイト(グリーン) |
| カオリン(レッド) | イライト(グリーン) | モンモリロナイト(ブルー) |
| カオリン(イエロー) | マリーンファンゴ | フラーズアース |

- ホワイトクレイ ：初心者、敏感肌、ドライスキン、毎日クレイマスクをする方に
- ピンク&ローズクレイ ：ノーマルスキン向け
- レッドクレイ ：老化肌、ヘアケア向け
- イエロークレイ ：水分不足の肌、日焼け後のスキンケアに
- グリーンクレイ ：オイリースキンの方に
- ブルークレイ ：古い角質を落としたい方、ニキビ肌に

35

Chapter ② 自然のめぐみでスキンケア

# レシピ

## ❶ クレイマスク

### ●材料

お好みのクレイ ………………… 小さじ1
水 …………………………………… 適量

### ●つくり方

使用する容器やスプーンは金属製を使わず、ガラスや木製、陶器のものを使います。
容器にクレイを入れ、お肌にぬりやすいかたさのクリーム状またはペースト状になるまで水を少しずつ加えてください。

### ●使い方

水とクレイをまぜてから5～10分ほど待ってからクレイペーストを顔にぬります。10～20分後、クレイが乾燥したらぬるま湯で洗い流します（私自身は軽くマッサージしながら顔につけて3分ぐらいしたら洗い流しています）。クレイは水に濡れている間だけ効果があります。乾燥したら洗い流しましょう。
最初の1週間はオイリースキンの方は4～7回、ドライスキンの方は2～3回行って、徐々に回数を減らして、最終的にはどのスキンタイプの方も1週間に1回まで回数を減らしましょう。

## 肌に合ったクレイを選ぶ

| | |
|---|---|
| ノーマルスキン | ●デザートクレイ（ローズ） ●デザートクレイ（グリーン）＋はちみつ ●ホワイト系クレイ＋グリーン系クレイ |
| ドライスキン | ●カオリン（ホワイト） ●デザートクレイ＋はちみつ ●マリーンファンゴ ●レッドモンドクレイ |
| オイリースキン | ●グリーン系クレイ全般 ●フラーズアース ●ベントナイト ●モンモリロナイト（ブルー） |
| 敏感肌 | ●カオリン（ホワイト） ●デザートクレイ（ローズ） ●ベントナイト（ホワイト） ●レッドモンドクレイ |
| ニキビ | ●デザートクレイ ●フラーズアース ●ベントナイト ●モンモリロナイト ●レッドモンドクレイ |
| 老化肌 | ●デザートクレイ（グリーン）＋はちみつ ●マリーンファンゴ ●モンモリロナイト（レッド） ●レッドモンドクレイ |
| しっしん、皮膚炎 | ●デザートクレイ（グリーン） ●モンモリロナイト ●イライト（グリーン） ●ホワイト系クレイ全般 |
| シミ、クスミ | ●デザートクレイ（グリーン） ●フラーズアース ●ベントナイト ●レッドモンドクレイ |

●クレイは成分と採掘された場所によって種類が違い、ひとつの種類のなかでも色によって効力が違います。表のなかで色の指定がないクレイの場合、自分のスキンタイプに合った色のクレイを使ってください。クレイの詳しい説明は【P74～75】。

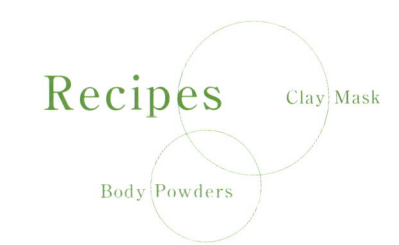

Recipes　Clay Mask

Body Powders

## ❷ ボディパウダー

### ●ラベンダーボディパウダー

●材料

カオリン（ホワイト）……………大さじ2
（またはデザートクレイ（ローズ）…大さじ2）
ラベンダーエッセンシャルオイル ….1〜4滴

●つくり方

材料をすべてチャック付きビニール袋に入れて、シェイクします。お風呂上がりなどに肌にパフで軽くはたいて使ってください。ベビーパウダーとしても使えます。

### ●シトラスボディパウダー

脇や足の消臭、赤ちゃんのおむつかぶれに

●材料

カオリン（ホワイト）……………小さじ4
グレープフルーツシード
エクストラクトパウダー※1………耳かき1

●つくり方

材料をすべてチャック付きのビニール袋に入れて、シェイクします。お肌の気になるところにパフで軽くはたいて使ってください。

### こんなクレイマスクも

お肌が乾燥している場合は、プレーンヨーグルトやはちみつをまぜたクレイペーストを使い、短い時間で洗い流して、肌が乾燥しないようにしてください。
慣れてきたらエッセンシャルオイル※2やフローラルウォーター【P73】を使ってアレンジしたクレイマスクも楽しんでください！

### コスメティックグレードを

工業用のテクニカルグレードやインダストリアルグレードのクレイは安価ですが、不純物が多く、有害といわれる鉛や水銀が非常に高い割合で含まれていることもあります。不純物が取り除かれている化粧品グレード（Cosmetic Grade）または 医薬品グレード（Medicinal Grade）、USPグレード（USP Grade：アメリカ薬局方）をお使いください。

※1 グレープフルーツシードエクストラクトパウダーは、グレープフルーツの種からとれる天然の防腐剤で、殺菌作用があります。【P81】

※2 レモンの果汁や柑橘系エッセンシャルオイルには、光が当たると光接触皮膚炎を起こす物質が含まれています。クレイマスクやフェイスマッサージには使わない方が無難です。

# しっとりうるおう スキンケアウォーター

### シンプルなレシピで うるおいをキープ

天然水とグリセリン、ウォッカやジンを使った私のお気に入りの化粧水のレシピです。お風呂上がりに顔だけでなく、ボディミストとして腕や身体にスプレーすると、肌がしっとりなめらかになります。毛穴の引き締め効果を高めたいときは、水の半分をウォッカ、またはジンにしてつくってください。アフターシェイビングローションとしても使うことができます。
あなたの好きな有効成分も加えて、オリジナルの化粧水をつくってみてください。

Chapter ② 自然のめぐみでスキンケア

## Crystal Water
### クリスタルウォーター

ドライスキンや敏感肌の方、子どもなど、オールスキンタイプに使えます。ドライスキンでも1ヵ月使い続けるとクリームやローションが不要になる人も。お風呂上がりに顔やからだにお使いください。　　　　　　▶レシピ ❶

## Juniper Berry Toner
### ジュニパーベリートーナー

オイリースキンの方、ニキビ肌、つやのない肌の化粧水やクレンジングウォーターとしてお使いください。ジュニパーベリーは、ニキビ、湿疹や皮膚炎に効果があります。
　　　　　　　　　　　　　　　▶レシピ ❸

## Witch Hazel Astringent
### ウィッチヘーゼルアストリンゼント

止血剤やアストリンゼントとして使われるウィッチヘーゼル（ハマメリス）を使った化粧水。出血しているニキビや切り傷のスキンケアに使います。　　　　　　　　　▶レシピ ❷

## Aloe Vera Toner
### アロエベラトーナー

紫外線でダメージを受けたお肌のお手入れに最適です。アロエベラには外傷治癒作用、消炎作用、鎮痛作用があり、皮膚修復と水分補給する効果があります。　　▶レシピ ❹

# Chapter 2 自然のめぐみでスキンケア
# レシピ

## ❶ クリスタルウォーター

### ●材料
エビアン水 ……………………… 小さじ 10
ウォッカ …………………………… 小さじ 1
グリセリン ………………………… 小さじ 1
グレープフルーツシードエクストラクト…小さじ 1/8

### ●つくり方
材料をまぜて、シェイクします。

## ❷ ウィッチヘーゼルアストリンゼント

### ●材料
精製水 ……………………………… 小さじ 4
ウィッチヘーゼルウォーター …… 小さじ 5
グリセリン ………………………… 小さじ 1
グレープフルーツシードエクストラクト…小さじ 1/8

### ●つくり方
材料をまぜて、シェイクします。

## ❸ ジュニパーベリートーナー

### ●材料
エビアン水 ……………………… 小さじ 10
ジン ………………………………… 小さじ 1
ジュニパーベリーエッセンシャルオイル‥2〜3滴
（ジュニパーともいいます）
グリセリン ………………………… 小さじ 1
グレープフルーツシードエクストラクト…小さじ 1/8

### ●つくり方
エッセンシャルオイルをグリセリンにまぜてから、ほかの材料と合わせてシェイクします。

## ❹ アロエベラトーナー

### ●材料
精製水 ……………………………… 小さじ 10
ウォッカまたはジン ……………… 小さじ 1
グリセリン ………………………… 小さじ 1
グレープフルーツシードエクストラクト…小さじ 1/8
アロエベラジェルかパウダー
　パウダーの場合　 40x（40倍濃縮）＝ 小さじ1/4強
　　　　　　　　　200x（200倍濃縮）＝ 小さじ1/16
　ジェルの場合　　 10x（10倍濃縮）＝ 小さじ1

### ●つくり方
材料をまぜて、シェイクします。

# Recipes

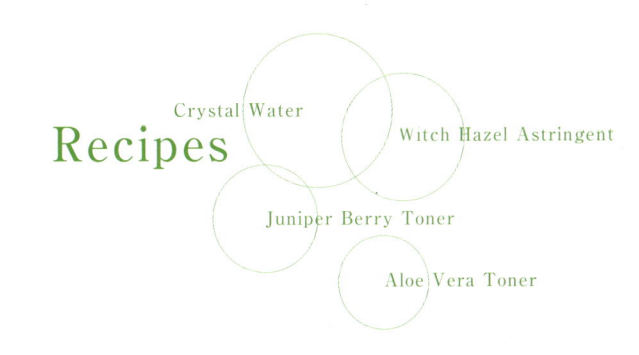

Crystal Water
Witch Hazel Astringent
Juniper Berry Toner
Aloe Vera Toner

## おもな材料について

**アロエベラジェル**
**アロエベラパウダー**【P73】
アロエベラから抽出されたジェルやパウダー。通販・インターネットで手に入ります。

**ウィッチヘーゼルウォーター**【P73】
ウィッチヘーゼル（ハマメリス）のハーブウォーター。通販・インターネットで手に入ります。

**ウォッカ&ジン**
私の使っているウォッカはスミノフ（Smirnoff 100％プルーフ）です。本書のレシピのウォッカは、アルコール度数40～50％を使ってください。アルコール度数96％のスピリタス（Spirytus）を使う場合は、精製水で2倍に薄めて使ってください。
また、ジンはボンベイ・サファイア（Bombay Sapphire）を愛用しています。ボンベイ・サファイアはアーモンド、アンジェリカ、オリス、カシア、クベバベリー、コリアンダー、ジュニパーベリー、レモンピール、リコリスとグレイン・オブ・パラダイスの植物を使った素敵な香りがするドライジンです。一度お試しください。

**グリセリン**
グリセリンは、化粧品用濃グリセリン（98％以上）か、USPグレード（99％以上）をお使いください。グリセリンは空気中の水分を肌に引き寄せる性質を持っているため、必ず化粧水に加えてください。加えないと肌を乾燥させますので、グリセリンがお肌に合わない場合はグリセリンを省いてふきとり化粧水として使うようにしてください。グリセリンの量が全体の10％を超えると逆に肌の水分を蒸発させます。入れすぎにも注意してください。

**グレープフルーツシード**
**エクストラクト**【P81】
化粧品が腐敗しないように天然防腐剤は必ず使ってください。防腐剤を使わないと、2～3日で化粧品にカビが発生することがあります。グレープフルーツシードエクストラクトは、グレープフルーツの種からとれた天然防腐剤で、服用することもできます。

**精製水**
薬局で手に入ります。500mlで100円程度です。

# お肌に効くクリームたち

自分の使い心地のよい
クリームを
手づくりしてみませんか？

お肌にすうっとのびて、べたつかず、使い心地のとてもよいクリームのレシピをご紹介します。

手づくりなら、レシピにグリセリンを加えて**保湿効果を高めたり**、ビタミンEオイルを加えて、**お肌の老化防止効果をプラス**したり、自分の好みの効果をアレンジできます。

クリームだけでなく乳液もほしい、という方には、ミルクローションのレシピも用意しました。さらっとのびて肌になじみやすいローションです。

ここで紹介するレシピをアレンジして、あなたの肌に合ったクリームやローションをつくってください。

## Chapter ② 自然のめぐみでスキンケア

### Penetrating Cream
### ペネトレイティングクリーム

冬のドライスキンにはたっぷり顔にぬるとしっとりなめらかな使い心地です。夏のオイリー肌には薄くのばして使うとサラッとした感触。ココナッツオイルが肌に合う方におすすめのクリームです。
▶レシピ ❶

### Mango Smoothing Cream
### マンゴスムージングクリーム

のびがよいクリームがほしい人へ。ドライスキンやコンビネーションスキンの部分的なケアやひじ、ひざのケア、クレンジングクリームとしてお使いください。▶レシピ ❷

### Firming Cream
### ファーミングクリーム

顔にはりをあたえるクリームです。お肌のたるみが気になる方におすすめです。　▶レシピ ❸

### Milky Lotion
### ミルクローション

クリームのレシピの水の量を2倍にすると、ミルクローションができます。水の量は2倍以上にしてもかまいません。好きな濃度のローションをおつくりください。
▶レシピ ❹

## Chapter 2 自然のめぐみでスキンケア
# レ シ ピ

### ① ペネトレイティングクリーム

●材 料

A ココナッツオイル ……………… 小さじ 2
　植物性乳化ワックス ………… 小さじ 1
B 精製水 ……………………… 小さじ 2
C グレープフルーツシードエクストラクト※‥小さじ 1/8
D エッセンシャルオイル（オプション）‥1〜2滴

●つくり方

1. Aを耐熱容器に入れ、電子レンジで約30秒ごとにかきまぜながら、または湯せんで、75℃に温め、完全に溶かして、よくまぜます。

2. Aをまぜながら75℃に温めた精製水を少しずつ加えてよく撹拌（かくはん）します。

3. そのままよくまぜ続けて、体温と同じぐらいに下がったら、CとDを加えます。

4. さらにまぜて、容器に流し込んでできあがり。

### このページのレシピは、つくり方はすべて共通です。

### ② マンゴスムージングクリーム

●材 料

A マンゴカーネルオイル ………… 小さじ 2
　植物性乳化ワックス ………… 小さじ 1
B 精製水 ……………………… 小さじ 3
C、Dはペネトレイティングクリームと同じ

### ③ ファーミングクリーム

●材 料

A マンゴバター ………………… 小さじ 1
　シェイバター（シアバター）…… 小さじ 1
　アボカドバター ……………… 小さじ 1
　植物性乳化ワックス ………… 小さじ 1
B 精製水 ……………………… 小さじ 3
C、Dはペネトレイティングクリームと同じ

### ④ ミルクローション

●材 料

ペネトレイティングクリームと同じ材料で、Bの量を2倍に。Cの量を小さじ1/8〜1/4に。

※クリームづくりには、必ず天然防腐剤のグレープフルーツシードエクストラクト【P81】を使ってください。

●材料については【P76〜78】（オイル、バター）、【P80】（植物性乳化ワックス）を参照してください。

# Recipes

Penetrating Cream
Mango Smoothing Cream
Firming Cream
Milky Lotion

## こんなオリジナルレシピも…

●P49のソフトオイルと植物性バターの表を参考にして、好きなオイルでオリジナルのクリームをつくってみてください。植物性乳化ワックス1、オイル2、水3の比率が基本です。

●ビタミンEオイルは肌の老化防止に効くオイルです。左ページの好きなレシピにビタミンEオイル小さじ1を加えて、目じりなど老化の気になる部分に使ってください。

●左ページの好きなレシピに、好みのソフトオイル小さじ3をプラスすると、クレンジングクリームになります。

●冬場は左ページの好きなレシピに、保湿効果の高いグリセリン【P41】小さじ1/2を加えると、エモリエントクリームとして使えます。

## クリームづくりのポイント

●温度に注意
温度が低いとざらざらしたクリームになり、酸化や劣化を早めます。すべての材料が均一にまざりあうように高い温度でしっかり溶かしてください。

●よくかきまぜること
完全に冷めるまでよくまぜ続けてください。まぜ方が足りないと分離します。

## クリームづくりで困ったら…

1. クリームづくりには乳化ワックスを使ってください。ビーズワックスやキャンデリラワックスを使っても乳化しません。劣化した植物性乳化ワックスを使った場合も、いくらまぜても分離したままで乳化しません。購入した植物性乳化ワックスは1年以内に使ってしまいましょう。

2. 食用オイルや未精製オイルでつくったクリームは、数日後、分離したりオイルが浮いてきたりする場合があります。

3. ステアリン酸が多く含まれた植物性オイルや植物性バターを使った場合、クリームがかたくなる場合があります。その場合、水の分量を増やして柔らかさを調節してください。もう少しオイリーなクリームにしたい場合、オイルの量を小さじ1増やしてつくってください。もう少しかたいクリームにしたい場合は、水を小さじ1/2ぐらい減らしてつくってください。

4. クリームづくりに慣れるまでは、精製水を使ってつくってください。フローラルウォーターやアロエベラジェル【P73】など、精製水かミネラルウォーター以外の材料を使った場合にかたくなることがあります。その場合は、水分を増やしてつくってみてください。一度つくったクリームは、変質・変色防止のため、再度加熱しないようにしてください。

# 簡単がうれしい
# シンプルクリーム

## おいしそうなクリームでお肌をしっかり保湿

肌にやさしい材料をまぜあわせるだけの、とても簡単にできるクリームもご紹介します。乳化ワックスが肌に合わない方におすすめのレシピです。

ボディバターは冬にお肌が乾燥したとき、お風呂上がりに顔だけでなく、手やひじ、ひざ、かかとなど、乾燥が気になる部分にお使いいただくと、お肌をしっかり保湿してくれます。

ボディバターは、植物性バターを使っているのでオイリーな感触ですが、苦手な方のために、レシチンクリームのレシピを用意しました。ただし、レシチンクリームは2、3日で水っぽくなってきますので、つくった日に使い切ってください。

クレンジングオイルは、好きなオイルをブレンドして使ってみてください。

Chapter ❷ 自然のめぐみでスキンケア

### Cleansing Oil
### クレンジングオイル

マンゴカーネルオイルを少し加えるだけで、すべりのよいクレンジングオイルがつくれます。マッサージオイルとしてもおすすめです。
▶レシピ ❹

### Mango Body Butter
### マンゴボディバター

マンゴバターの保湿効果、天然の紫外線防止効果を活かしたボディバターです。ハンドクリームや赤ちゃんのスキンケアにもお使いください。
▶レシピ ❶

### Aloe Vera Body Butter
### アロエボディバター

外傷治癒作用、消炎作用、鎮痛作用があり、皮膚修復と水分補給効果のあるアロエバターを使ったボディバターです。　▶レシピ ❷

### Lecithin Cream
### レシチンクリーム

フェイスクリームやボディクリーム、フェイスマスクやヘアパックとして使うことができます。
▶レシピ ❸

Chapter ② 自然の恵みでスキンケア
# レシピ

## ① マンゴボディバター

●材料

A マンゴバター ･････････････････ 小さじ 1
　マンゴカーネルオイル ･･････････ 小さじ 2
　（またはココナッツオイル ･････ 小さじ2）
　キャスターオイル ･･････････････ 小さじ 1
　キャンデリラワックス ･･･････ 小さじ 1/2
B グレープフルーツシードエクストラクト ･･･ 2～3滴

●つくり方

Aを耐熱容器に入れて、電子レンジで約30秒ごとにかきまぜながら、または湯せんで、完全に溶かしてから、Bを加えよくまぜます。クリーム容器に移し、完全に冷めたらできあがりです。

## ② アロエボディバター

●材料

A アロエバター ･････････････････ 小さじ 1
　シェイバター（シアバター）･････ 小さじ 1
　アロエベラオイル ･･････････････ 小さじ 1
　キャスターオイル ･･････････････ 小さじ 1
　キャンデリラワックス ･･･････ 小さじ 1/2
B グレープフルーツシードエクストラクト ･･･ 2～3滴

●つくり方

マンゴボディバターと同じ。
●材料については【P76～81】を参照してください。

## ③ レシチンクリーム

●材料

A 精製水 ･･････････････････････ 小さじ 9
B 大豆レシチンパウダー ･･･ 小さじ 3前後
C アボカドオイル ･････････････ 小さじ 1以上
D グレープフルーツシードエクストラクト･･小さじ 1/8～1/4

●つくり方

**1.** 体温ぐらいに温めたAに少しずつBを加え、よくまぜてジェル状にします。ダマが気になるときは、時間をおくと溶けてきます。

**2.** Cを少しずつ入れながらまぜます。最後にDを加えてできあがりです。

## ④ クレンジングオイル

●材料

マンゴカーネルオイル ･･････････････ 小さじ 1
アプリコットカーネルオイル･･････････ 小さじ 2
スイートアーモンドオイル･････････････ 小さじ 3
グレープフルーツシードエクストラクト ･･ 3～6滴

●つくり方

マンゴカーネルオイルを温めて液体にしてから、すべてをまぜあわせます。

# Recipes

Mango Body Butter
Aloe Vera Body Butter
Lecithin Cream
Cleansing Oil

## 自分に合ったソフトオイルと植物性バターでクリームづくり

ソフトオイルは常温で液体のオイルを指します。また、マンゴバターやアボカドバターなどは植物からつくられたバターです。手づくりクリーム初心者の方は、下記の表と【P76〜78】を参考にして、好きな材料を選んでください。

| ノーマルスキン | ●アプリコットカーネルオイル ●エミューオイル ●スイートアーモンドオイル ●ホホバオイル ●マンゴバター |
|---|---|
| ドライスキン | ●アボカドオイル ●アロエベラオイル ●マンゴカーネルオイル ●ホホバオイル ●アロエバター |
| オイリースキン | ●エミューオイル ●グレープシードオイル ●ココナッツオイル ●スクワランオイル ●ホホバオイル |
| 敏感肌 | ●アプリコットカーネルオイル ●サンフラワーオイル ●ピーチカーネルオイル ●マンゴカーネルオイル |
| 老化肌 | ●アボカドオイル ●ウィートジャームオイル ●ビタミンEオイル ●ボリジオイル ●マカダミアナッツオイル |
| しっしん、皮膚炎 | ●ウォールナッツオイル ●エミューオイル ●スイートアーモンドオイル ●マンゴカーネルオイル |
| サンオイル | ●ククイナッツオイル ●ココナッツオイル ●ヘーゼルナッツオイル ●アロエバター |
| UVカット | ●エミューオイル ●ココナッツオイル ●シェイバター ●マンゴバター |
| やけど、日焼け後のケア | ●アロエベラオイル ●ウォールナッツオイル ●エミューオイル ●オリーブオイル ●カレンデュラオイル ●サンフラワーオイル ●マンゴカーネルオイル ●アロエバター |
| ヘアケア | ●ウォールナッツオイル ●エミューオイル ●カメリアオイル ●キャスターオイル ●ホホバオイル ●ボリジオイル |
| 酸化しにくいオイル | ●ココナッツオイル ●スクワランオイル ●ホホバオイル |

## 好きなエッセンシャルオイルを加えて

手づくりのクリームに香りをつけたいときには、大さじ1のクリームに対して、好みのエッセンシャルオイル1〜2滴を加えてください。【P82〜83】

## クリームには必ず天然防腐剤を

グレープフルーツシードエクストラクトはPH2.5前後の強酸性で、防腐効果だけでなく、殺菌作用、収斂作用、数種類のアミノ酸やフラボノイドによる皮膚へのよい効果があります。気温、材料、保存方法で差がでますが、全体の1〜2％使用すると常温で半年以上保存できます。アミノ酸やフルーツ酸の効能を活かしたい方は全体の5％入れてください。入れ忘れると夏場は数日でカビが生えますので、必ず天然防腐剤を加えてください。

# 日焼けから
# 素肌を守りたい

**Sunblock Cream**
サンブロッククリーム

**Sunblock Lotion**
サンブロックローション

紫外線はシミやソバカスをつくるだけでなく、シワもつくってしまいます。紫外線に当たりすぎると日焼けによる炎症で肌を傷めます。
紫外線からお肌を守るために、ここでは肌に安心な材料を使った手づくりの日焼け止めのクリームやローションのレシピをご紹介します。
紫外線の強い5〜8月の時期や、日差しの強い午前10時から午後2時の時間帯は、とくに直射日光を避けるようにし、日傘、帽子やサングラスなども利用して紫外線からお肌を守るように心がけましょう。

サンスクリーン効果のあるマンゴバターと、酸化しにくい飽和脂肪酸を豊富に含んだココナッツオイルを使用したサンブロッククリームのレシピです。ココナッツオイルがお肌に合わない場合はホホバオイルをお試しください。二酸化チタンはサンスクリーン剤として効力の強い物を選んでください。さらにぬりやすくしたいときは、水の量を増やしてローションにすることもできます。

▶レシピ ❶

Chapter ② 自然のめぐみでスキンケア

**Sunblock Lip Balm**
## 日焼け止めリップクリーム
紫外線を防いでくれる植物性のオイルとワックスを使った、唇にやさしい日焼け止めリップクリームです。

▶レシピ ❷

**Sunburn Cream**
## 日焼け後のスキンケアクリーム
日焼け止めクリームとして使うこともできますが、主に紫外線でダメージを受けた肌や、炎症を起こしているときのスキンケアに適したクリームです。

▶レシピ ❸

## Chapter 2 自然のめぐみでスキンケア
# レシピ

### ① サンブロッククリーム／サンブロックローション

●材料

A 植物性乳化ワックス ………… 小さじ1
　アロエバター・マンゴバター … 各小さじ1
B 精製水…………………………… 小さじ4
　（サンブロックローションの場合は 小さじ7）
C グレープフルーツシードエクストラクト…小さじ1/8
D 二酸化チタン ………………… 小さじ1/2
　グリセリン …………………… 小さじ1/2

●つくり方

1. Aを耐熱容器に入れて、電子レンジで約30秒ごとにかきまぜながら、または湯せんで、完全に溶かしてよくまぜます。

2. Bを75℃に温め、Aと合わせて乳化させ、粗熱がとれたらCを加えてまぜます。

3. 温度が体温と同じぐらいに下がったら、まぜておいたDを2にまぜこみ、容器に移します。クリームが完全に冷めたらできあがりです。

### ② 日焼け止めリップクリーム

●材料

A キャスターオイル …………… 小さじ1
　マンゴバター ………………… 小さじ1
　アロエバター ………………… 小さじ1
　ビタミンEオイル …………… 小さじ1
　キャンデリラワックス ……… 小さじ1
B グレープフルーツシードエクストラクト…1滴

●つくり方

基本のリップクリーム【P16】と同じ。

### ② 日焼け後のスキンケアクリーム

●材料

A 植物性乳化ワックス ………… 小さじ1
　アロエバター・マンゴバター … 各小さじ1
　ウォールナッツオイル ……… 小さじ1
B 精製水 ………………………… 小さじ4
C グレープフルーツシードエクストラクト … 小さじ1/8
D 酸化亜鉛 ……………………… 小さじ1/2
　グリセリン…………………… 小さじ1/2

●つくり方

サンブロッククリームと同じ。

●材料については【P76〜81】を参照してください。
※アロエバターはアロエベラを固形ココナッツオイルに染みこませたものです。
　ココナッツオイルが肌に合わない方は、ホホバオイルで代用してみてください。

# Recipes

Sunblock Cream
Sunblock Lotion
Sunblock Lip Balm
Sunburn Cream

## サンスクリーンの材料

### 紫外線の種類とサンスクリーン剤

紫外線には大きく分けて2種類あります。UVBとUVAです。
UVBは日焼け反応を引き起こす紫外線で、肌が真っ赤になったり水ぶくれができたりして、皮膚に強いダメージを与えます。
UVAは色素沈着を引き起こす紫外線です。じわじわと肌にダメージを与え、シワの原因になります。
こうした紫外線を乱反射させ、肌を日焼けから守るサンスクリーン剤の代表として二酸化チタンと酸化亜鉛があります。どちらも薬局で取り寄せできます。酸化鉄なども紫外線を乱反射させます。

### 二酸化チタンの粒子のサイズ

二酸化チタンは粒子のサイズにより、効果が変わってきます。粒子が大きめの200nm（ナノメーター：100万分の1mm）の場合は、肌にぬると真っ白になりますが、UVAもUVBも乱反射してくれます。
微粒子酸化チタンなど、粒子のサイズが小さくなるほど、肌にぬっても白くならないため、化粧品用のサンスクリーンに向いていますが、その反面、粒子のサイズが小さくなるほどUVAを乱反射しなくなります。
粒子の大きな二酸化チタンでサンブロッククリームをつくった場合は、化粧の下地クリームとして使い、上から濃い色のファンデーションを使って、うまく白さをカバーしながら使ってみてください。
二酸化チタンは親水性と親油性があります。自分の肌や用途に合わせて選んでください。

### 酸化亜鉛

酸化亜鉛は消炎、鎮痛、収斂作用があるため、肌を乾燥させる性質があります。
日焼け後のスキンケアに使うサンバーンクリームやあせも、おむつかぶれ、皮膚炎、湿疹のぬり薬などの有効成分として使われています。以前は酸化亜鉛の粒子のサイズを小さくすることが困難でしたが、技術が発達して超微粒子酸化亜鉛がつくられるようになり、現在はスキンケアのサンスクリーン剤として使われています。

# 手づくり化粧品 Q&A

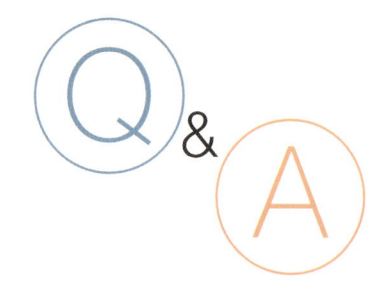

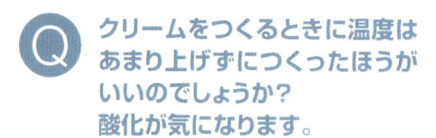

**Q** クリームをつくるときに温度はあまり上げずにつくったほうがいいのでしょうか？酸化が気になります。

**A** 植物性のオイルやバターに含まれる脂肪酸のなかには、融点70℃以上のステアリン酸やアラキジン酸などの脂肪酸が含まれています。これらをしっかり溶かして乳化させ、きめの細かいクリームをつくるためにも、75℃まで温度を上げてつくったほうがいいでしょう。数分で、一度きりの加熱なので、酸化は気にしなくてよいでしょう。

**Q** 口紅に使うワックスはビーズワックス（みつろう）を使ってもいいのですか？

**A** ビーズワックスを使ってもつくることができます。私の口紅づくりのレシピでビーズワックスを使っていないのは、熱によって口紅が変形しないように、融点の高いキャンデリラワックスを使っているためです。ビーズワックスは比較的アレルギー反応を起こしやすいワックスになりますが、アレルギーのない方にはビーズワックスはとてもいいワックスです。

**Q** アイシャドーや口紅に使えるカラーラントかどうかは、どうしたら見分けられますか？

**A** 国によって口紅に使える品質の規制が異なっています。取り扱っているお店や業者によっても違いますので、購入するときに、お店や業者の方に必ず問い合わせてみてください。自分の使いたい目的に使える品質かどうか確かめてから購入するようにしてください。

**Q** カオリン（レッド）でクレイマスクをしたら、顔にクレイの赤い色が残りました。これが、普通なのでしょうか？

**A** カオリン（レッド）やローズクレイのように色の濃いクレイを使ったクレイマスクの後は、顔に色が残ります。色を落とそうとせっけんで何度も洗顔したり、顔をこすると肌を傷めてしまいます。クレンジングオイルを使うと、色が簡単に落ちます。
色が気になる人は、顔に色の残らないクレイを選ぶほうがいいと思います。

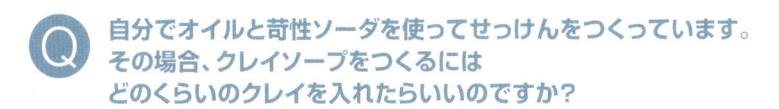

**Q** 自分でオイルと苛性ソーダを使ってせっけんをつくっています。その場合、クレイソープをつくるにはどのくらいのクレイを入れたらいいのですか？

**A** 400～500gのベースオイルに対して大さじ1のクレイを目安に入れてつくってください。クレイで着色する場合は好みの色になるように量を調節してください。せっけん生地を型に流し込む直前にクレイをまぜます。
クレイを大さじ1のグリセリンとよくまぜてから、せっけん生地全体にまぜます。グリセリンがたくさん含まれるほうが保湿力の高いせっけんになります。古い角質を落とすスクラブソープをつくる場合は、目の粗いグリーンクレイやブルークレイをお使いください。スクラブソープを使うと、ビキニラインやひじ、ひざのクスミが取れます。

# Chapter 3

# あなたの肌に合わせたスキンケアを

自分の肌に合ったスキンケアをするためには、自分の肌の状態や性質を知っておくことが大切です。
スキンケアの基本は、肌に水分をあたえ、必要に応じてクリームやオイルをぬって皮膚から水分が逃げないようにすることです。
基礎化粧品をたくさん使う必要はありません。また、たくさんの基礎化粧品を使っているからといって、お肌がきれいになるとはいえません。必要なときに必要なものを使うスキンケアをしましょう。

## 基本のケア

### バスタイム
あまり熱いお風呂には入らないようにしましょう。ぬるま湯のほうがお肌にやさしいのです。肌の乾燥がひどいときは、毎日入らないほうがよいでしょう。

### 入浴後
バスタオルでからだをふくときには、こすらずに、タオルでやさしく叩くようにして水分をとるほうが肌に負担をかけません。水分が逃げないうちに、化粧水やクリームをつけてください。

### ベッドルーム
湿度の低い冬場は加湿器を使って、乾燥からお肌を守りましょう。手が荒れるときは、クリームをぬり、通気性のある手袋をはめましょう。

# ノーマルスキン
Normal Skin

化粧水を使ったスキンケアで充分です。クリームやオイルは必要に応じて使います。現状維持できるよう、肌に充分な水分を与えてドライスキンにならないように気をつけましょう。

●洗顔は…
純せっけんや、グリセリンソープを使ってください。指で肌をこすって洗顔するのではなく、泡で肌を包みこむようにやさしく洗うようにしてください。はちみつせっけんや抹茶せっけん、エッセンシャルオイルのせっけんなど、好きなレシピを使ってみてください。美白効果を期待したい人は、デザートクレイソープをどうぞ。　【P30〜33】

●化粧水は…
クリスタルウォーターを使いましょう。肌につやがなくなってきたときにはジュニパーベリートーナーがおすすめです。
【P38〜41】

●クリームは…
冬に肌がドライになったときにつけるぐらいで充分です。その場合は、ペネトレイティングクリームやマンゴスムージングクリームを試してみてください。
【P42〜45】

●クレイを使って…
お肌が乾燥しないように気をつけていれば、基本的にどのクレイを使ってもかまいません。ただし、グリーン系クレイを使うときはホワイト系クレイとブレンドして効力を弱めて、なめらかにさせて使うほうがいいでしょう。色々なクレイを使ってみて、好きなクレイを使うのがいちばんいいと思います。
【P34〜37】

Chapter 3 あなたの肌に合わせたスキンケアを

# ドライスキン
Dry Skin

クリームやローションをぬって、お肌の水分を皮膚から逃がさないようにすることが必要です。冬場は部屋の湿度を上げるために加湿器を使い、とくにベッドルームの湿度を上げるようにしましょう。直射日光は避け、香水や香料の入ったスキンケア商品は使わないほうがいいでしょう。

●洗顔は…
グリセリンソープなど保湿効果のあるせっけんを使うか、もしくはせっけんを使わずに洗いましょう。本書のレシピのなかでは、はちみつせっけんがおすすめです。
【P30～33】

●化粧水は…
クリスタルウォーターかアロエベラトーナーがおすすめです。　【P38～41】

●ローションは…
化粧水ではものたりない方はミルクローションを使ってみてください。　【P42～45】

●クリームは…
ペネトレイティングクリームやマンゴスムージングクリームを使ってみてください。
冬場は、マンゴボディバターやアロエボディバターもおすすめです。　【P42～49】

●クレイを使って…
ドライスキンの方は、肌を乾燥させないことが大切なので、クレイマスクをして肌が突っ張ったり、乾燥するようであれば、時間を短くしたり、クレイの種類をかえたりしてください。クレイペーストには水以外に、はちみつ、ヨーグルト、オリーブオイルやスイートアーモンドオイルを加えて、お肌が乾燥しないように気をつけてください。
ドライスキンの方に適したクレイは、レッドモンドクレイやマリーンファンゴです。カオリン（ホワイト）やデザートクレイ（ローズ）を使う場合は、はちみつなどを加えることをおすすめします。　【P34～37】

# オイリースキン
Oily Skin

オイリースキンの場合、顔がテカテカと光ったり、メイクが崩れやすくなったりします。過剰な皮脂を取り除いて、皮膚に水分を補うようにしましょう。

### ●洗顔は…
ファンゴソープやデザートクレイソープがおすすめです【P30〜33】。でも、オイリースキンだからといっても、洗顔のしすぎには注意してください。
皮脂の分泌が多いオイリースキンは、洗顔によって洗い流した皮脂が多すぎると、肌が乾燥しないようにと皮脂をどんどん分泌します。洗顔後に水分を補うお手入れがとても大切です。

### ●化粧水は…
ジュニパーベリートーナーかウィッチヘーゼルアストリンゼントがおすすめです。
【P38〜41】

### ●クリームは…
基本的にクリームは使わずに、化粧水のお手入れだけにしましょう。

### ●クレイを使って…
皮脂の分泌が多い方は、クレイマスクで過剰な皮脂を取り除くことができます。効力の強いクレイを使いたい場合はイライトかデザートクレイ（グリーン）がおすすめです。グリーン系クレイだと肌に刺激が強い場合は、ベントナイト、フラーズアース、またはレッドモンドクレイをお試しになってください。
【P34〜37】

### ●メイクのときは…
クリスタルウォーターを肌につけた上にパウダーファンデーションを使うなど、できるだけクリームやオイルを使わないようにしましょう。化粧水だけではものたりない場合は、少量のクリームをできるだけ薄くのばして下地として使ってください。必要に応じてシャインコントロールパウダー【P25】をTゾーンにつけてテカリを抑えるようにしましょう。

Chapter 3 あなたの肌に合わせたスキンケアを

# コンビネーションスキン
Combination Skin

コンビネーションスキンの方は、Tゾーンがオイリーで、頬の部分が乾燥するため、他のスキンタイプに比べると肌のお手入れがちょっぴり複雑になります。Tゾーンの過剰な皮脂を取り除き、顔全体の皮膚に水分を補い、乾燥している部分はクリームやオイルをぬって、乾燥からお肌を守らなくてはなりません。ドライスキンとオイリースキンのケアの説明を参考にしてみてください。

### ●洗顔は…
Tゾーンの皮脂を洗い流しすぎると逆効果になります。普通のせっけんではなく、肌にマイルドなグリセリンソープ【P32】を使うようにして、洗顔のしすぎに注意しましょう。せっけんをよく泡立て、泡でTゾーンだけを洗うようなつもりで洗顔すると、ちょうどよいと思います。

### ●化粧水は…
クリスタルウォーターやアロエベラトーナーがおすすめです。　　　　【P38〜41】

### ●クリームは…
ペネトレイティングクリームがおすすめです。乾燥ぎみの部分だけに使うとよいでしょう。冬場はTゾーンには薄くのばしてぬり、乾燥している部分には多めにぬるとよいでしょう。　　　　　　　　　【P43〜45】

### ●クレイを使って…
オイリーな部分だけクレイマスクの時間を長くするか、またはデザートクレイ（グリーン）などのグリーン系クレイを使い、ドライな部分はホワイト系クレイやミネラルの豊富に含まれたレッドモンドクレイやマリーンファンゴを使ってみてください。【P34〜37】

# 敏感肌
Sensitive Skin

敏感肌の方は、パッチテスト【P9】をとくにきちんと行って、自分に合った材料を探すようにしましょう。アレルギー反応を起こしやすい材料といわれるものでも、あなたの肌に合うものもあれば、逆に、敏感肌の方にすすめられている材料が肌に合わない場合もあります。一般論はあくまでも参考にし、パッチテストで確認しながら、あなたの肌に合う材料だけを使うようにしてください。

### ●洗顔は…
パラベンやエデト酸塩などのケミカルや香料の含まれていない、純せっけんやグリセリンソープをスキンケアに使ってみてください。　　　　　　　　【P32】

### ●化粧水は…
クリスタルウォーターがおすすめですが、お肌の状態に合わせて他の化粧水もお試しください。　　　　　　【P38～41】
敏感肌の方はアルコールに刺激を感じる場合が多いため、肌に合わない場合はアルコールを省いて使ってください。

### ●クリームは…
パッチテストで自分の肌に合うオイルを見つけて、それを使ってクリームをつくってみてください。つくり方は、ペネトレイティングクリームのつくり方を参考にしてください。　　　　　　　【P42～45】

### ●クレイを使って…
敏感肌のクレイマスクには、効力の弱いホワイト系クレイ、レッドモンドクレイ、デザートクレイ（ローズ）をおすすめします。アトピーと診断されたことのある方は、皮膚治療に使われるデザートクレイ（グリーン）かモンモリロナイトもおすすめです。必ずパッチテストを行ってから使いましょう。
　　　　　　　　　　　　【P34～37】

Chapter 3 あなたの肌に合わせたスキンケアを

# ヘアケア
Hair Care

### ●シトラスリンス

グレープフルーツシードエクストラクト【P81】をヘアコンディショナーとして使うことができます。

グレープフルーツシードエクストラクトには数種類のアミノ酸が含まれているため、ヘアトリートメント効果にもすぐれており、枝毛防止にもなります。

小さじ1/4のグレープフルーツシードエクストラクトを、100〜150mlのお湯とまぜて、頭皮と髪の毛になじませ、指の腹を使って軽く頭皮をマッサージし、すすいでください。髪の毛の状態に合わせて徐々にグレープフルーツシードエクストラクトの使う量を減らします。

せっけんでシャンプーしている方はぜひこのシトラスリンスをためしてみてください（髪を染めている場合は、サラッとした髪にならないこともあります）。せっけんシャンプーの場合、せっけんのpHによって必要なグレープフルーツシードエクストラクトの量が異なりますので、初回はグレープフルーツシードエクストラクトを多めに使うことをおすすめします。

### ●ヘアトリートメント

パサついた髪の毛や枝毛防止には、ヘアケアに優れたカメリアオイル（ツバキオイル）、浸透性の高いエミューオイルや液体のココナッツオイルに、ビタミンEオイルをまぜたものを、髪の毛になじませるヘアトリートメントをおすすめします。　【P76〜77】

### ●頭皮のかゆみ、フケ

頭皮がかゆくなったり、フケが出る場合は、ローズマリーエッセンシャルオイル、またはティートゥリーエッセンシャルオイル1、2滴をシャンプーにまぜて、頭皮をマッサージするようにシャンプーすると、かゆみやフケを抑えることができます。グレープフルーツシードエクストラクトもかゆみやフケを抑える効果があります。　【P81〜P83】

### ●枝毛

枝毛は元には戻らないので、痛んだ部分はカットするしかありません。枝毛の部分より5cm上からカットして、枝毛予防に努めましょう。髪の毛を乾かすときは、水分をバスタオルで吸い取るようにやさしく頭皮をマッサージして、長い髪の毛先はバスタオルで軽く叩くように乾かしましょう。

# ネイルケア
Nail Care

# ひじ・ひざ・かかと
Elbow, Knee & Heel Treatment

● **自然素材のネイルケア**
ナチュラルな材料を使ったネイルケアとして、グレープフルーツシードエクストラクトやエミューオイルを使います。
大さじ1の水かアルコールに2、3滴のグレープフルーツシードエクストラクトをまぜて、そこにつめをひたしてください。エミューオイルを使う場合は、つめに1滴落としてすりこむようにマッサージしてネイルケアを行います。

● **つめのかたち**
つめが陥没している人は、つめがもろくなって割れやすくなり、ときには、はがれる場合もあります。ビタミン不足や鉄欠乏性貧血からつめが陥没することがありますので、バランスのよい食事をとるように心がけましょう。

● **ひじ、ひざのクスミ**
クレイソープで毎日洗うと徐々に古い角質が除去され、きれいな肌になっていきます。かかとにはモンモリロナイト（ブルー）【P75】などの目の粗いクレイを加えたせっけんを使うと、ツルツルになります。

● **天然塩のゴマージュ**
天然塩大さじ1、好きなスキンケアオイル大さじ1と皮膚柔軟化作用のあるエッセンシャルオイル1滴をよくまぜ、気になる部分につけて、30秒ほど軽くマッサージしたあと水洗いします。古い角質を取り除き、カサつきを緩和します。

● **関節の痛み**
クレイ湿布は痛みを取り除く作用があるため、関節炎や腰痛の痛みを緩和します。入浴剤として、クエン酸小さじ1、ベーキングソーダ大さじ1、コーンスターチまたは天然塩大さじ1をお風呂に加えて入浴するのも効果的です。血液の循環がよくなるため、冷え性の方にもおすすめです。

Chapter 3　あなたの肌に合わせたスキンケアを

# 妊娠中、出産後のスキンケア
Skin Care for Pregnant Moms & Postpartum

妊娠中はホルモンのバランスが変化するため、体質が変わることがあります。そのため、肌や髪の性質も変わったりしますが、妊娠による変化は出産後にはもとに戻ることが多いため、あまり心配することはありません。必要に応じたスキンケアを行うようにしてマタニティーライフを楽しみましょう。

### ●スキンケア&ボディケア
妊娠するとホルモンの影響でドライスキンやオイリースキンに傾いたりします。常に肌の状態を把握して、適切なスキンケアを行うようにしましょう。妊娠してから急にからだがかゆくなったり、今までに経験しない極端な症状が出た場合は、産婦人科で相談してアドバイスを受けてください。
出産後、さらに体質が変わる場合もありますので、そのときの状態に合ったスキンケアを行ってください。
赤ちゃんはママの手や頬をチュパチュパ吸ったりしますから、赤ちゃんがなめても大丈夫な状態にしておきましょう。外出時以外はなるべくクリームを使わずに、クリスタルウォーター【P40】だけでケアして、油分が必要な場合は自分の肌に合ったオイルを薄くのばして使うなど工夫してみてください。
乳児ボツリヌス症ははちみつが原因といわれていますので、万が一を考えて、はちみつを使った化粧水やクリームは使わないようにしましょう。

### ●ヘアケア
顔やからだと同じで頭皮もオイリーになる人もいればドライになってフケが出てくる人もいます。
赤ちゃんがママの髪の毛をなめる場合もあります。P62で紹介しているシトラスリンスは赤ちゃんがなめても安心です。

### ●ストレッチマーク
妊娠中期以降になるとグーンとお腹が大きくなり、ストレッチマーク（妊娠線）ができる人もいます。ストレッチマークは急に太ってしまったときにできるもので、妊娠中だけでなく、育ち盛りの学生時代に太ももやお尻にできる人もいます。一度できてしまったストレッチマークは自然に消えることはありません。予防のため、エミューオイルや液体のココナッツオイルなど、浸透性の

高いオイルやクリームをぬって予防するといいでしょう。アボカドオイルやオリーブオイルもおすすめです。

### ●バストケア
母乳はクリームの代用になり、傷んだ乳首を治しますので、授乳後、毎回自分の母乳を乳首にぬって乳首のケアを行いましょう。母乳をぬった後、自然に乾かしてください。乳首が切れたときに使うぬり薬がありますが、授乳後に母乳をぬった乳首のケアが安心です（米国Kaiser病院[Kaiser Permanente]の指導に基づいた情報です）。

### ●アロマセラピー
出産のときにアロマセラピーを取り入れてくれる産婦人科があります。アロマセラピーに興味のある方は、アロマセラピーの知識をもった産婦人科の先生に相談すると安心です。
妊娠中は使えないエッセンシャルオイル（精油）がありますので、アロマセラピーについて詳しく書かれた本などで、注意すべき精油や使えない時期などについて確認してください。

### ●じかに肌に触れるものは注意！
妊娠中は体質が変わるため、それまで使っていたアクセサリーに急に金属アレルギーを起こすことがあります。また、せっけん、シャンプー、化粧品、香水などを新しいメーカーに変えたりすると湿疹が出ることもあります。妊娠中の体質変化などによる湿疹の場合、出産後は薬物治療をしなくても治ることがありますが、出産するまでは徐々に悪化していくこともありますので、いつもと違って肌が赤くなったりかゆみを感じたら、すぐに病院で診てもらうことをおすすめします。

Chapter 3　あなたの肌に合わせたスキンケアを

# 赤ちゃんのスキンケア
Skin Care for Babies

## ●おむつ交換のときには
おむつ交換をするときに、100mlのお湯に3〜5滴のグレープフルーツシードエクストラクト【P81】を加えたものでおしりをふいてあげるとかぶれ防止になります。
とくに大便のときには、柔らかいガーゼに、グレープフルーツシードエクストラクトの入ったお湯をたっぷり含ませて、肌をこすらずに、やさしくふいてあげてください。
やわらかいペーパータオルに、グレープフルーツシードエクストラクト入りのお湯を含ませておくと、おしりふきやウエットティッシュがわりに使えて便利です。

## ●あせも予防に
酸化亜鉛（USPグレード）を使ってあせもやおむつかぶれを抑えることができます。柔らかめにつくった基本のリップクリーム【P16】かボディバター【P48】に酸化亜鉛を40％練り込んで使い、よくなるにつれて酸化亜鉛の量を10％まで徐々に減らしていきます。あせもやおむつかぶれがひどくなっていくようなら、必ず小児科や皮膚科に相談してください。

## ●ベビーオイル
必要以上にオイルを赤ちゃんに使わないようにしましょう。石油からつくられるミネラルオイルが原料のベビーオイルを使いたくない場合は、スキンケアに使うグレードのホホバオイル【P77】などを使うといいでしょう。
赤ちゃんの頭皮にかさぶたのようなものができる場合がありますが、これはフケであることが多いようです。フケの場合は、そこにオイルをつけて、充分にふやかしてからそっと取ってあげてください。無理にこすると肌が傷つきます。オイルをつけておく時間は半日にとどめ、お風呂のときにしっかりとオイルを洗い流しましょう。

## ●赤ちゃんのバスタイム
赤ちゃんの肌にせっけんを使いすぎると、肌を乾燥させてしまいますので、せっけんの使いすぎには気をつけましょう。水に溶けやすくせっけん分が肌に残らないグリセリンソープや無香料の純せっけんをおすすめします。

## ●せっけんが肌に使えないときは
ナデシコ科のサボンソウという植物の葉を水に濡らしてよくもむと、泡が出てせっけんがわりに使うことができます。
グレープフルーツシードエクストラクトを使ってからだをふく方法もあります。寝たきりでお風呂に入れない方のケアにも使うこ

とができます。
100mlのぬるま湯に3〜5滴のグレープフルーツシードエクストラクトを加えたもので、からだをやさしくふいてください。こすらないように注意してください。
肌が乾燥しすぎているとき、湿疹や皮膚炎でせっけんが使えないときは、オートミールを使うのもおすすめです。
布のパックに1カップのオートミールをつめ、それを4カップの水のなかに入れて火にかけ、沸騰したら火を消し、冷ました液を使ってお手入れしましょう。
洗顔用に少量だけつくりたい場合は、オートミール1/3カップに熱湯を2/3カップ加え、ぬるくなってから、上澄みの液を使ってください。

### ●洗剤と柔軟剤
赤ちゃんによっては、洗剤や柔軟剤の成分でかぶれる子もいます。衣類に洗剤成分が残らないようにすすぎの回数を増やしたり、洗剤を少なく使ったりして工夫しましょう。とくに肌がかぶれやすい赤ちゃんや、アトピー性皮膚炎の子の場合には、柔軟剤や乾燥機用の静電気防止シートの成分に肌が反応する場合もありますので、気をつけましょう。

### ●はちみつは禁止
はちみつは保湿力があり、唇のケアなどにも使われますが、赤ちゃんのスキンケアには使わないでください。
乳児ボツリヌス症は、はちみつが原因だといわれています。赤ちゃんは何でもなめてしまうので、赤ちゃんとママのスキンケアにはちみつを使わないのはもちろんのこと、赤ちゃんとふれあう機会の多い人もスキンケアに使わないようにしましょう。

# Chapter 4
# お肌のトラブルをケアする

お肌のトラブルが起こったときには、まず皮膚科に行きましょう。比較的症状の軽い場合などには、ここにご紹介する方法もおすすめですが、ここで紹介している方法を使っても変化がない場合や悪化する場合には、すぐに中止して、専門家に相談してくださいね。

## ニキビ
Pimples

### ●少しでも早くニキビを治したい方は

ファンゴソープ【P33】を使った洗顔と、クレイマスク【P34〜37】をしばらく続けてみてください。クレイマスクの回数はニキビが少なくなるにつれて減らして、最終的に週に1度までにしてください。
クレイマスクにはベントナイト、フラーズアース、しっしんのできやすい人はモンモリロナイト、デザートクレイ（グリーン）がおすすめです。肌が乾燥したり、刺激を感じたりしたときは、はちみつを加えたり、レッドモンドクレイやデザートクレイ（ローズ）を使い、ドライスキンにならないように気をつけましょう。

### ●ゴマージュ・マッサージ

黒ニキビや白ニキビといわれるコメド（角栓）は、古い角質と皮脂が毛穴にたまってしまったものです。コメドを取り除きたい場合は、目の粗いイライトやモンモリロナイト（ブ

ルー）を水とまぜてペーストをつくり、気に
なる部分を軽くマッサージしてください。シ
ミやソバカスを解消する効果もあります。
コメドが除去されたら、ベントナイトやフラー
ズアースでクレイマスクをしてください。

● **洗顔後のお手入れが大切です！**
「クレイソープでの洗顔とクレイマスクさえ
しておけばニキビがなくなる」と思うのは
間違いです。洗顔によって肌が乾燥すると、
皮膚が「皮脂が足りない」と判断して、ま
た元のオイリーな肌に戻そうとします。洗
顔後に水分を補給するなど、乾燥をふせ
ぐお手入れがとても大切です。
オイリースキンからノーマルスキンの方の
場合、クリスタルウォーター、またはジュニ
パーベリートーナーを使うだけで充分です。
ニキビから出血していたり、皮膚に傷が
ある場合は、ウィッチヘーゼルアストリン
ゼントを使ってみてください。
ドライスキンの方やコンビネーションスキ
ンの方は必要に応じてクリームをぬってく
ださい。ペネトレイティングクリーム、また
はミルクローションがおすすめです。
【P38〜45】

● **メイクアップ**
ニキビがポツリとできている程度のときは、
クリスタルウォーターを肌につけた上から
パウダーファンデーションをつけるだけに
しましょう。
化粧水だけではものたりない場合は、ミル
クローションかペネトレイティングクリーム
を薄くのばして下地として使ってください。
パウダーをつけるパフは、水洗いできるス
ポンジタイプや使い捨てのコットンを使い、
毎回清潔なパフを使うようにしてください。
化粧をしてニキビが増えたり、ひどくなっ
た場合、メイクはすぐにやめて皮膚科でア
ドバイスを受けてください。

● **メイクはきれいに
　落としていますか？**
メイクは必ずきれいに落としてからベッド
に入りましょう。洗顔するときは、洗顔料の
成分を肌に残さないように、よくすすいで
ください。
髪の毛の生え際やフェイスラインだけにで
きるニキビは、洗顔料の成分をきれいに洗
い流していないためにできることが多いよ
うです。

● **なかなか治らないとき**
なかなかニキビが治らないときや、皮膚が
ただれるような赤いニキビの場合は、皮膚
科で診てもらってください。

Chapter 4　お肌のトラブルをケアする

## シミや日焼けに
Freckle & Sunburn Prevention

### ●まず紫外線を避けること
紫外線によるダメージは、シミやソバカスをつくるだけでなく、シワの原因になります。日焼けしないように帽子や日傘を利用し、サンブロッククリームやローションをぬって紫外線から肌を守るようにしましょう。

### ●肌の透明感を取り戻したい
クレイのゴマージュ洗顔やゴマージュ・マッサージ【P68】により、クスミやシミ、ソバカスもある程度解消することができます。
ゴマージュ洗顔は、泡立てたせっけんに少し目の粗いクレイのペーストをまぜて、軽くマッサージしながら洗顔します。クレイソープで洗顔すると便利です。クレイソープをよく泡立てて、気になる部分を数十秒、軽くマッサージして洗い流してください。新しくできたばかりのシミやソバカスは、消えてなくなる可能性が高いのでおすすめです。
残念ながら、古いシミの場合、色が薄くなることはあっても消えることはほとんどないようです。日頃からのケアを心がけましょう。

## シワやたるみ、老化に
Rejuvenating Skin Care for Removing Wrinkles & Age Spots

### ●クリームにビタミンEを
シワやたるみが気になる方には、ファーミングクリーム【P44】がおすすめです。顔にはりを与えてくれます。
また、お肌の老化が気になる方は、ファーミングクリームのレシピに、さらに、ビタミンEオイル小さじ1を加えてみてください。ビタミンEは老化防止の効果が高いといわれています。このクリームを目じりのシワなど、気になるところに使ってみてください。

### ●肌にやさしいクレイマスクを
クレイのなかには、老化の気になる肌に効果的なものがあります。レッドモンドクレイや、マリーンファンゴなど、【P36】の「肌に合ったクレイを選ぶ」の表を参考にして、クレイマスクをつくってください。マリーンファンゴを使って、お肌がしっとり、なめらかになったという声をよく聞きます。肌が乾燥しないように、はちみつやヨーグルトなども使って、自分に合うレシピを探してみてください。

# トラブルのケア Q&A

**Q** 毛穴が開いて見えるのですが、どうしたら引き締められますか？

**A** クレイマスク【P34〜37】やゴマージュ・マッサージ【P68】の後、毛穴の引き締め効果の高い化粧水を使ってスキンケアを行ってください。引き締め効果の高い化粧水をつくるには、【P38〜41】の化粧水のレシピで、必要な水の量の半分を、ウォッカ、またはジンにしてください。

**Q** 顔を剃ったときのケアはどんなことをするといいですか？

**A** 顔を剃ったすぐ後は、皮膚が傷ついているため、クレイソープで洗顔したり、髪の毛を染めたりなど、肌に刺激を与えるようなことはしないでください。顔を剃った後は、クリームやオイルをぬって、皮膚を保護してください。

**Q** 冬になると手ががさがさになって、ものすごく荒れてしまいます。どんなケアをしたらいいですか？

**A** 食器を洗うとき、洗剤のかわりに純せっけんかグリセリンソープを使うとハンドクリームが不要になる人が多いようです。手が荒れてひどいときは、やわらかくつくった基本のリップクリーム【P16】、またはボディバター【P48】をぬって、通気性のある手袋をはめて寝るようにしましょう。

**Q** 唇がとっても荒れやすいのですが、唇のケアはどうするとよいですか？

**A** 口紅を落とすときはコットンにスキンケアオイル【P76〜77】を含ませたものかボディバター【P48】を使ってやさしくふきとるようにしましょう。メンソールの入ったリップクリームを使ったり、はちみつを唇にぬるケアもしてみてください。

# Chapter ⑤

# からだにやさしい
# 自然からの贈り物

ここでは、手づくり化粧品やスキンケアに使う、さまざまな材料の名称と、それぞれの特徴や効能をご紹介します。

キッチンにあるもの、スーパーや食品店で見かける材料もあれば、初めて名前を目にする材料もあると思います。

本書では、自然の素材で、なるべく安全性の確認されている材料でつくれるレシピをご紹介するようにしていますが、人によっては肌に合わないこともあります。どの材料も自分の肌に合うかどうか、かならず自分で確認してから使ってください。

自分に合う材料を見つける作業はとてもおもしろくて楽しいものです。自分の好きな材料で、オリジナルのレシピを楽しんでください。

# 肌をいたわる自然の力
Ingredients for Handmade Cosmetics

●アロエベラジェル、アロエベラパウダー
アロエベラから抽出されたジェルは透明、またはオレンジ色の液体です。外傷治癒作用、消炎作用、鎮痛作用があり、皮膚修復や水分補給効果もあります。アロエベラパウダーはアロエベラをフリーズドライさせたもので、オフホワイトやライトベージュ色のものがあります。通販やインターネットなどで入手可。

●オートミール
古い角質を取り除くクレンジング効果があるため、スキンケアに使われています。肌のトラブルでせっけんを使えないときにも、オートミールを使うことができます。食料品店で入手可。

●コーンスターチ（化粧品用）
メイズスターチやベジタブルタルクの名前でパウダーの基剤として販売されています。最近は、とうもろこしが原料のメイズスターチのボディパウダーやベビーパウダーが販売されるようになりました。通販やインターネットで入手可。

●グリセリン【P41】
薬局で入手可。

●酸化亜鉛【P53】
薬局で取り寄せてもらえます。

●二酸化チタン【P53】
薬局で取り寄せてもらえます。

●はちみつ
大部分は蟻酸や酢酸などの有機酸で、ミネラル、ビタミン、ブドウ糖や酵素を含んでいます。保湿、殺菌、収斂、漂白作用を利用してスキンケアに使われています。

●無水エタノール【P21】
薬局で入手可。

●M&Pグリセリンソープ【P32】
通販やインターネットなどで入手可。

●メンソールクリスタル
ミントオイルからつくられており、消炎作用があります。リップクリーム、軟膏に使われます。

●フローラル&ハーブウォーター
ウィッチヘーゼル、ローズ、オレンジブラッサムやラベンダーのフローラルウォーターはそれぞれの効能と香りがあり、ボディミストとしてそのまま使ったり、化粧水やクリームづくりに使われます。通販やインターネット、アロマセラピー専門店で入手可。

Chapter 5　からだにやさしい自然からの贈り物

# クレイ
Clays

本書で紹介するクレイはミネラル分をたっぷり含んだ、スキンケア用の粘土のこと。種類によって色が違うだけでなく、成分や効能も違います。また、種類や色が同じであっても、採掘された場所や年代で成分が多少異なります。
クレイの色だけを目安にせず、クレイの種類とその効能も考えて選ぶ方が、よりあなたのお肌の状態にピッタリなクレイを選ぶことができます（肌に合わせたクレイの選び方は、【P36】を参照してください）。

私のお気に入りは、デザートクレイ（ローズ）、デザートクレイ（グリーン）＋はちみつ、レッドモンドクレイを使ったクレイマスクです。また、モンモリロナイト（ブルー）、マリーンファンゴを使ったせっけんもよくつくっています。これらのクレイソープでニキビが治ったり、古い角質が落ちて肌が白くなったと多くの方に喜んでいただいています。クレイは通販やインターネットのほか、最近は薬局、雑貨店や自然食品店でも入手できるところがあります。

## 成分によるクレイの種類

### ●イライト
Color：ホワイト、レッド、イエロー、グリーン、グレイ
アメリカのイリノイ州の名前からイライトと名づけられ、スキンケアだけでなく、湿布薬や体内の毒素排泄に服用されています。世界で一番よく使われているクレイです。

### ●カオリン
Color：ホワイト、ピンク、ローズ、レッド、イエロー
中国の高陵（Kauling）から産出した白土ということからカオリンと呼ばれるようになりました。鮮やかな色のクレイで、色別で販売されている場合は通常カオリンに属します。ホワイトカオリンはフェイスパウダー、歯みがき粉やスパのマッドバスに使用され、ピュアカオリンはベビーパウダーとして使われています。

### ●ベントナイト
Color：ホワイト、クリーム、ローズ、イエロー、グリーン
アメリカのフォートベントンにちなんで名づけられたベントナイトは、火山灰や溶岩が粘土状に変化したもので、他の種類のクレイと違って水に濡れると水分を吸収して膨張する特徴があります。そのため、毛穴の毒素や汚れを吸着させて角栓を取り除く効果が高いクレイです。

### ●モンモリロナイト

Color:レッド、グリーン、グレイ、ブルー

フランスのモンモリロン地区から産出されたことから名づけられたモンモリロナイトは、他のクレイと比べてイオンの相互作用が大きいため、毒素を取り除く皮膚のトリートメントに効果があります。

### ●フラーズアース

Color:ホワイト、クリーム、ブラウングレイ、オリーブ

フラーズアースは、クレイには属さず、土の仲間に入ります。油や色を吸着する作用が強いため、ブリーチングクレイというニックネームがつけられています。

## 産出地によるクレイの種類

### ●デザートクレイ

Color:ローズ、ゴールド、グリーン

デザートクレイは砂漠地帯で採掘されたクレイを指します。ニキビ、肌の軽い炎症、日焼け後のケアに使われ、古い角質をやさしく落とし、肌につやを出します。

### ●フレンチクレイ

Color:ホワイト、ピンク、ローズ、レッド、イエロー、グリーン、ブルー

フレンチクレイはフランスで採掘されたクレイを指し、グリーンクレイとピンククレイが有名です。ホワイトクレイはボディパウダーとして販売されています。

### ●マリーンファンゴ

Color:ダークグリーン、ブラック

海から採れたミネラルが豊富に含まれたクレイは、スパのフェイシャルマスクやマッドボディラップに使われています。
からだの疲れを癒し、老化の気になる肌やドライスキンのクレイマスクに適しています。クレイソープに加えると、お肌の古い角質を落として肌を白くする効果があります。

### ●ラスールクレイ

Color:レッド

ラスールはガスールとも呼ばれている、モロッコで採掘されたレッドクレイで、ヨーロッパやアメリカ西海岸のスパで使われている高級なクレイです。

### ●レッドモンドクレイ

Color:ホワイト

ユタ州にあるソルトレイクの湖水が干上がったレッドモンド地域に塩が堆積しており、そこで採掘されたミネラルが豊富な白いクレイをレッドモンドクレイと呼んでいます。ドライスキンの方が使っても肌が突っ張らず、刺激が弱いため敏感肌の方にもおすすめです。

# Chapter 5 からだにやさしい自然からの贈り物

# スキンケアオイル
Skin Care Oils

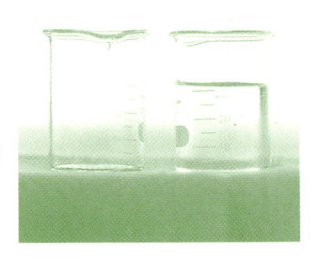

スキンケアに使われるオイルには、さまざまな種類があります。あなたの肌に合ったものを探して使ってみてください。スキンタイプに合わせたオイル選びは、P49の表を参考にしてください。スキンケアオイルは、アロマセラピーの専門店、通販やインターネットなどで入手できます。

### ●アプリコットカーネルオイル
あんずの種からとれます。肌が炎症を起こしているときのスキンケアに使うとよいとされています。オールスキンタイプ向けですが、敏感肌、老化肌におすすめ。

### ●アボカドオイル
アボカドからとれる、プロテイン、ビタミンA、B、D、Eが豊富なオイル。日焼け後のお手入れ、妊娠線予防にも適しています。

### ●アロエベラオイル
アロエベラを大豆油などに浸して成分を抽出したオイル（インフューズドオイル）。外傷治癒作用、消炎作用にすぐれています。

### ●イブニングプリムローズオイル（月見草油）
ガンマリノレン酸が豊富。老化防止、保湿作用にすぐれ、抗炎症作用もあります。

### ●ウィートジャームオイル（小麦胚芽油）
保湿効果が高く、ビタミンEが多く含まれ、抗酸化作用があります。

### ●ウォールナッツオイル（くるみ油）
湿疹、ヘルペス、乾癬などの皮膚病や、ダメージスキン、ドライスキン、日焼け後やヘアケアに適したオイルです。

### ●エミューオイル
エミューというダチョウに似た大きな鳥からとれるオイル。肌を柔軟にし、髪の毛やつめの発育を活発にさせ、抗炎症作用や紫外線防止効果もあります。スキンケア、ヘアケア、ネイルケアなど多目的に使える、際立ってすぐれたオイルです。

### ●オリーブオイル
保湿効果、皮膚への浸透性が高く、炎症、かゆみ、妊娠線予防に効果があります。

### ●カメリアオイル（椿油）
昔から日本で髪の毛や頭皮のケアに使われており、スキンケアにもすぐれたオイルです。

### ●カレンデュラオイル
マリーゴールドの花をオイルに浸して成分を抽出したもの。ビタミンA、フラボノイドを多く含み、すり傷、切り傷、やけどなどで傷めた細胞組織を治し、肌に潤いを与えます。

●キャスターオイル（ひまし油）
はちみつ状の濃厚なオイル。保湿効果が高く、口紅、つめや髪のお手入れにも使われます。

●ククイナッツオイル
ビタミンA、C、Eが豊富で肌に吸収されやすく、やけどや日焼けの修復に効果的。

●グレープシードオイル
プロテイン、ビタミンやミネラルが豊富で、皮膚の細胞を保護し、肌の老化を予防する働きもあります。

●ココナッツオイル
本書のレシピのココナッツオイルは、アロマセラピー用の精製された液体のものを指します。フラクショネイテッドココナッツオイル、分留ココナッツオイルとも呼ばれます。紫外線の刺激を緩和し、浸透性・保湿効果が高く、さらっとした使用感が特徴です。

●サンフラワーオイル（ひまわり油）
保湿効果が高く、ビタミンが豊富に含まれ、新陳代謝を促します。

●スクワランオイル
深海鮫の肝臓から抽出された動物性と、オリーブから抽出された植物性があり、さらっとした使用感。酸化しにくく油焼けの心配も少ないすぐれたオイル。シミ・ソバカス防止、免疫強化、殺菌、抗酸化作用があります。植物性スクワランは敏感肌におすすめです。

●スイートアーモンドオイル
プロテイン、ミネラル、ビタミンが豊富に含まれ、肌を癒し、柔軟にし、抗炎症作用もあります。

●ピーチカーネルオイル
桃の種からとれる。オレイン酸を多く含み、サラッとした使用感。細胞を活性化させる効果があり、美容液に適しています。

●ビタミンEオイル
老化防止と抗酸化剤として使われる、粘性の強いオイル。目元の小じわ予防などに効き目があります。

●ブラックカラントオイル（クロフサスグリ油）
老化防止、カサつき、かゆみ、アトピーに効果のあるガンマリノレン酸を豊富に含んだオイル。

●ヘーゼルナッツオイル
肌をなめらかにする効果があり、ココアバターやココナッツオイルとブレンドして、サンタンオイルとして使えます。

●ホホバオイル（液体ワックス）
柔軟、保湿効果が高く、皮脂の分泌を抑えます。ふけ防止、毛髪成長促進のヘアケアにもすぐれた液体ワックスです。

●ボリジオイル（ルリチシャ油）
ヨーロッパ原産の蜜源植物ルリチシャ（瑠璃苣）から抽出されたオイル。ガンマリノレン酸を含み、老化を抑える効果が極めて高く、ホルモン分泌を整えるため、生理痛や神経系にも効果があります。

●マカダミアナッツオイル
パルミトオレイン酸を多く含み、抗酸化作用が高く、肌を柔軟にして老化を防ぎます。

●マンゴカーネルオイル
マンゴーの種からとれる浸透性のあるオイル。化粧品や医薬品用につくられているオイルです。

## Chapter 5 からだにやさしい自然からの贈り物

# 植物性バター
Vegetable Butters

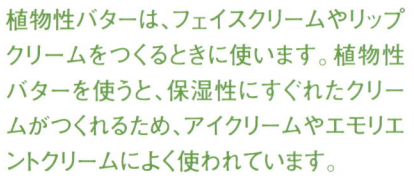

植物性バターは、フェイスクリームやリップクリームをつくるときに使います。植物性バターを使うと、保湿性にすぐれたクリームがつくれるため、アイクリームやエモリエントクリームによく使われています。
植物性バターは、通販やインターネットなどで手に入ります。気に入ったものを使って、オリジナルのレシピを楽しんでください。

### ●アボカドバター
スキンケアに幅広く使われており、とくにドライヘア、ダメージヘアのコンディショナーやヘアトリートメントに使われています。

### ●アロエバター
アロエベラを固形ココナッツオイルに染み込ませてつくられたもの。外傷治癒作用、消炎作用、鎮痛作用があり、水分補給効果もあります。クリーム、ボディローション、リップクリームやせっけんに幅広く使われています。

### ●ココアバター
お肌をなめらかにし、保湿効果が高いバター。手づくりクリームに少し加えるとチョコレートの香りをつけることができます。

### ●シェイバター（シアバター）
アフリカのカリテという木の果実から採れ、保湿効果が高く、肌荒れ、敏感肌におすすめです。クリーム、ローション、リップクリームなどにも使えます。カリテバターとも呼ばれています。

### ●シェイロー
シェイバターとアロエベラジェルをブレンドさせたもの。厳密にはバターではありませんが、シェイバターとアロエベラの特性をあわせもち、たくさんのスキンケア用品に使われています。シェイロー（Shealoe）はTerry Lavoratories, Inc.の登録商標です。

### ●マンゴバター
マンゴーの核から抽出された、保湿効果、サンスクリーン効果のあるバターです。そのままお肌につけて使用すると、肌が赤く炎症することなく、きれいに日焼けできます。フェイスクリーム、ローションやリップクリームなどに使われています。

# ワックス
Waxes

ワックスには植物性、動物性や合成などがあります。本書のレシピは、植物性のキャンデリラワックスだけを使うレシピにしましたが、自分の肌に合わせて、好きなワックスを使ってみてください。
ワックス類は、通販やインターネットなどで手に入ります。

### ●キャンデリラワックス
キャンデリラ植物から採取される黄色いワックスで、軟膏やリップクリームをつくるときに使います。

### ●カルナウバワックス
カルナウバワックスは、ブラジルのカルナウバヤシ（COPERNICIA CERIFERA）の葉から採取される黄色いワックスで、軟膏やリップクリームをつくるときに使います。

### ●ビーズワックス
みつばちがつくったみつろう。手づくり軟膏やせっけんをかたく仕上げるために使われています。動物性のワックスですが、アレルギー反応を起こさない方にはとてもいいワックスです。ナチュラルなビーズワックスははちみつの甘い香りがしますので、リップクリームに使用すると天然の香りを楽しむことができます。

### ●ホホバワックス
ホホバワックスは、食卓塩のように小さい粒になって販売されている場合が多く、シャワージェルやグリセリンソープに加えられて、ボディスクラブのスキンケア商品として販売されています。手づくりリキッドソープやグリセリンソープに加えて、スクラブソープを簡単につくることができます。

### ●ラノリン
ラノリンは羊毛からとれる動物性のワックスで、薬用リップクリームやスキンケア商品に使われています。一般的にアレルギーになりやすいといわれている材料の一つですが、アレルギー反応を起こさない方にはとてもいいワックスです。

## Chapter 5 からだにやさしい自然からの贈り物

# 乳化剤
Emulsifiers

クリームづくりのとき、油と水をまぜあわせて乳化してくれるワックスです。乳化作用のないキャンデリラワックスやビーズワックスと間違えて使わないように注意してください。通販やインターネットで手に入ります。

石油が原料である乳化剤に対して、植物が原料のワックスは植物性乳化ワックスという名前で販売されています。植物性乳化ワックスは取り扱っている業者によって成分が異なるため、使う種類によって多少クリームのできあがりが異なり、オイルやバターの種類によっては、ざらざらした手ざわりの悪いクリームができる種類もあります。

### ●植物性乳化ワックス

乳化ワックスにはさまざまな種類があり、セチルアルコールとポリソルベート60からつくられたワックス（cetyl alcohol and polysorbate 60）や、セトステアリルアルコールとソルビタン脂肪酸エステルからつくられたワックス（cetostearyl alcohol and ethoxylated sorbitan ester）などがあります。

なめらかで使い心地のよいクリームをつくるために、ポリソルベート60を使った植物性のワックスをおすすめします。

ポリソルベート60は、フェイスクリーム、アイクリーム、美容液、頭皮や毛穴に付着した老廃物や余分な皮脂を分解させる成分として使われ、頭皮や毛穴を清潔に保ち、育毛効果を高めるためのコンディショナーとして使われています。

ポリソルベート60は、比較的安全な乳化剤とされており、欧米諸国ではケーキやクラッカーなど食品の乳化安定剤、医薬品などにも利用されていますが、日本では食品への使用は認められていません（2002年7月現在）。

### ●植物性レシチン

植物性レシチンは、天然の植物性乳化剤です。大豆から採れたレシチンは、植物性の卵黄といわれ、保湿効果と殺菌作用にすぐれています。

# 天然防腐剤
Natural Preservatives

## ●グレープフルーツシード　エクストラクト

グレープフルーツの種子や果肉から採れるエッセンスです。数種類のアミノ酸、フラボノイド、脂肪酸やトコフェロールを含み、天然の殺菌効果、酸化防止効果、防臭作用、消毒作用や収斂作用があり、食品や化粧品の防腐剤としても使われています。手づくり化粧品には必ず加えてください。化粧品の防腐剤としてグレープフルーツシードエクストラクト60％、植物性グリセリン40％の割合のものを購入してください。通販・インターネットで手に入ります。

## ●グレープフルーツシード　エクストラクトパウダー

パウダー状になったグレープフルーツシードエクストラクトは、ボディパウダーやフットケア、水分を加えたくないものの防腐剤に使われます。
赤ちゃんのおむつかぶれにも、グレープフルーツシードエクストラクトパウダーとベビーパウダーをブレンドしたものが使われています。

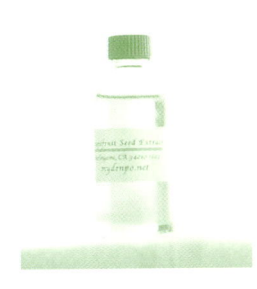

---

### グレープフルーツシードエクストラクトのさまざまな使い方

**洗顔に：**
水かぬるま湯で濡らした手に1、2滴落とし、指先で顔全体にマッサージし、水でよく洗い流す。ニキビ肌やドライスキンでせっけんが使えないときにおすすめ。

**うがい：**
口臭予防、口の中の殺菌・洗浄、のどの痛みの緩和に、60〜80mlの水に1滴入れて1日5〜7回うがいします。

**歯ブラシの洗浄：**
コップに2、3滴入れて歯ブラシでかきまぜ、15分以上浸けておく。

**野菜、果物や肉：**
表面の殺菌や消臭のために、水を入れた大きなボールに2、3滴落として浸けて洗う。

**まな板の洗浄：**
まな板に5〜7滴としてスポンジなどを使ってこすり、30分間放置したあと水洗いする。

**洗濯のすすぎに：**
悪臭、カビ防止のため、すすぎのときに10〜15滴入れて使う。

Chapter 5　からだにやさしい自然からの贈り物

# エッセンシャルオイル
Essential Oils

エッセンシャルオイル（精油）は、植物から精製された香りのエッセンス。アロマセラピーは、エッセンシャルオイルを使った芳香療法で自然療法の一つです。
エッセンシャルオイルの香りは精神的、肉体的バランスを保つ働きがあります。筋肉の緊張を緩和したり、血行を促してお肌をなめらかにする効果もあります。
せっけんや化粧品の香料にも使われ、数種類の香りをブレンドして素敵な香りを生み出すことができます。精油の効能を生かして手づくりクリームや化粧水に少し加えると、手軽にアロマセラピーを楽しめます。アロマセラピー専門店、通販やインターネットで手に入ります。天然100％のものを選んでください。

### ●正しい使用方法で
精油は、必ずスキンケアオイルやほかの材料とまぜて、希釈して使います。例外として、ラベンダーやティートゥリーのように直接肌につけてよいものもあります。希釈濃度は、日本では1％（子どもには0.5％以下）が一般的です。初めて使用する精油は必ず希釈してパッチテストをしましょう。妊娠中、授乳期や病気のとき、乳幼児や子どもには使用できない種類があるので、専門の本などで確認してください。

### ●柑橘系に注意
柑橘系のエッセンシャルオイルを使用してすぐに紫外線にあたると、光感作によるシミ、ソバカスや光接触皮膚炎を引き起こす可能性があります。日中や外出前に使用することは避けましょう。

### ●エッセンシャルオイルの使い方
お風呂：　5～8滴※入れ、よくかきまぜる
ボディオイル：スキンケアオイル大さじ1に対して1～3滴
化粧水：　大さじ2に対して1、2滴
クリーム：　大さじ1に対して1、2滴
香　水：　ウォッカ大さじ1に対して10～35滴

### ●口紅にはフレイバーオイルを
日本では、エッセンシャルオイルの服用は許可されていませんので、口紅の香りづけにはフレイバーオイルを使用してください。チョコやミントなどさまざまな香りがあり、通販・インターネットで購入できます。

> ※1滴ずつ計れるドロッパー付きの容器に入った精油を買うと便利です。本書のレシピは1滴＝約0.05mlを目安にしていますが、ドロッパーの違いで1滴の量は多少異なる場合があります。

## 肌に合ったエッセンシャルオイルの選び方

| スキンケア | Skin Care |
|---|---|
| ノーマルスキン | ●カモマイル ●ゼラニウム ●ネロリ ●ラベンダー ●ローズウッド |
| ドライスキン | ●カモマイル ●ネロリ ●パルマローザ ●ラベンダー ●ローズウッド |
| オイリースキン | ●グレープフルーツ ●ジュニパーベリー ●ゼラニウム ●プチグレン ●ベルガモット ●ラベンダー |
| コンビネーションスキン | ●ゼラニウム ●カモマイル ●パルマローザ ●ラベンダー ●ローズウッド |
| 敏感肌 | ●カモマイル ●ネロリ ●パルマローザ ●ヘリクリサム ●ラベンダー ●ローズウッド |
| ニキビ | ●カモマイル ●ジュニパーベリー ●ヘリクリサム ●ラベンダー ●ローズウッド ●レモン |
| 老化肌 | ●サンダルウッド ●ネロリ ●パルマローザ ●フランキンセンス ●ヘリクリサム ●ローズウッド |
| 日焼けした肌 | ●カモマイル ●ペパーミント ●ヘリクリサム ●ラベンダー |
| 引き締め作用 | ●グレープフルーツ ●サイプレス ●シダーウッド ●ジュニパーベリー ●ヘリクリサム ●レモン |
| できものや傷の跡 | ●カモマイル ●ジュニパーベリー ●パルマローザ ●ラベンダー ●ヘリクリサム |
| デオドラント作用 | ●サイプレス ●ティートゥリー ●プチグレン ●ベルガモット ●ラベンダー ●ローズウッド |
| 殺菌・消毒作用 | ●グレープフルーツ ●ジュニパーベリー ●ティートゥリー ●ラベンダー ●ローズウッド ●オレンジ |
| 皮膚柔軟化作用 | ●カモマイル ●サンダルウッド ●ゼラニウム ●ネロリ ●レモン |
| 子ども | ●カモマイル ●ティートゥリー ●パルマローザ ●ラベンダー ●ローズウッド |

| ヘアケア | Hair Care |
|---|---|
| ノーマルヘア | ●カモマイル ●クラリセージ ●サンダルウッド ●ジュニパーベリー ●ラベンダー ●ローズウッド |
| オイリーヘア | ●サイプレス ●シダーウッド ●ジュニパーベリー ●ベルガモット ●レモン |
| ドライヘア | ●カモマイル ●サンダルウッド ●フランキンセンス ●ラベンダー ●ローズウッド |
| フケ、抜け毛 | ●クラリセージ ●シダーウッド ●パルマローザ ●ラベンダー ●ローズマリー |
| ダメージヘア | ●カモマイル ●パルマローザ ●ラベンダー ●ローズマリー |

# 材料を手に入れる方法

手づくり化粧品の材料は、薬局や酒屋さん、スーパーや専門店などで手に入るほか、通販やインターネットでも簡単に購入することができます。

ここでは、本書のレシピに登場する材料のなかで、とくにいろんなレシピに活用できるおもな材料をとりあげ、その入手方法をご紹介します。

それぞれのレシピで使う1回分の材料はとても少ないので、ここにあげた材料をひとつ手に入れておくと、本書のいろんなレシピに何度も使えます。長い目で見ると、とても経済的に化粧品づくりを楽しめます。

とくにあまり目にする機会のない材料で、小さな単位からインターネットで販売されているものについては、値段の目安を表示してあります。

### ■薬局で手に入るもの
- キャスターオイル(ひまし油) ●グリセリン
- 酸化亜鉛 ●精製水 ●二酸化チタン ●はっか油(ミントエッセンシャルオイルの代用)
- 無水エタノール

### ■酒屋さんで手に入るもの
- ウォッカ ●ジン

### ■スーパーや食品店で手に入るもの
- オートミール ●エビアン水 ●天然塩
- はちみつ ●抹茶

### ■アロマセラピー専門店で手に入るもの
- スキンケアオイル ●エッセンシャルオイル

### ■通販、インターネットで手に入るもの
- 各種カラーラント
(5g 120円〜。とくにブラウン酸化鉄、イエロー酸化鉄、レッド酸化鉄、パールホワイトマイカを購入しておくといろいろなレシピに使えます)
- キャンデリラワックス　　(30g 400円〜)
- グリセリンソープ　　　　(100g 350円〜)
- 各種クレイ　　　　　　　(30g 400円〜)
- グレープフルーツシードエクストラクト
　　　　　　　　　　　(30ml 1000円〜)
- コーンスターチ(化粧品用)(180g 600円〜)
- 植物性乳化ワックス　　　(50g 400円〜)
- 植物性バター　　　　　　(50g 400円〜)
- 大豆レシチン　　　　　　(50g 650円〜)

# Shop List

## 手づくり化粧品の材料を取り扱っているお店一覧（50音順）

本書のレシピに使われる素材などを販売しているお店をここに紹介します。お店により、どの素材を取り扱っているかは違ってきますので、ホームページや店頭で確認してください。

| 店 頭 | 店頭販売 |
|---|---|
| 通 販 | 電話・FAXによる通販 |
| インターネット | インターネットの通販 |

### ■あかねや
通販／インターネット
http://www.akane-ya.com/
e-mail:mail@akane-ya.com
千葉県君津市南子安1-7-11-201
TEL & FAX:0439-55-7970

手作り化粧品とスキンケア用品の材料をお求めやすい小さい単位で販売しています。

### ■アンジェリーク Angelique
インターネット
http://www.angelique-jp.com
e-mail:info@angelique-jp.com
埼玉県草加市谷塚上町700-13
TEL & FAX:048-922-1090

本書のレシピに必要な材料が一通り販売され、初心者の方に便利なスターターキットも用意されています。看護士の資格を持つ経営者が、経験を生かしてお肌に合った素材を選んでくれます。

### ■カノ KANO
通販／インターネット
http://www.kanoshop.com/
e-mail:mail@kanoshop.com
兵庫県洲本市上物部953-15
TEL & FAX:0799-22-1254

天然防腐剤が卸価格で購入できます。グレープフルーツシードエクストラクトパウダーも販売しています。植物性乳化ワックスやクレイ、クリアグリセリンソープ、オリーブグリセリンソープも販売しています。

### ■セブンカラット 7kt
通販／インターネット
http://www.sevenkt.com/
e-mail:order@sevenkt.com
神奈川県横浜市緑区霧が丘2-4-24
TEL & FAX:045-921-6456

カラーラントとクレイの種類が豊富で、手づくり化粧品と石けんの材料がなんでもそろいます。グリセリンソープ、モールド、カラージェルの手づくりせっけんキットなども販売しています。

### ■東急ハンズ新宿店
店 頭
Tokyu Hands
http://www.tokyu-hands.co.jp
東京都渋谷区千駄ヶ谷5-24-2 TEL:03-5361-3111(代)

さまざまな生活用品や雑貨の専門デパート。エッセンシャルオイル、スキンケアオイルを中心とした手づくり化粧品の素材、コスメ容器などが購入できます。

### ■バミリオンズ Vermilion's
通販／インターネット
http://www.vermili.com/
e-mail: shopinfo@vermili.com
大阪府茨木市穂積台3-703
TEL & FAX:072-624-8735

手作り化粧品の材料の他、クレイ、M&Pソープ、エッセンシャルオイル、コスメ容器を販売。
手作りコスメやアロマセラピーの教室も開催。

### ■フルーツプレシャス Fruitprecious
通販／インターネット
http://www.fruitprecious.com
e-mail: sales@fruitprecious.com
大阪府四條畷市清滝新町20-14
TEL & FAX:072-877-7089

カラーラント、ピュアグリセリンソープがお手ごろ価格。クレイとコスメティックグレードのフレグランスが豊富なお店。あなたのお肌のコンディションにあったクレイを選んでもらえます。

# 終わりに

私の母が美容の世界に関わっていた頃、小さかった私は母の美容道具でよく遊んでいたものです。ヘアメイクを競うコンテストの練習で、母がモデルさんの髪に何色にもキラキラ輝くパウダーを施していくのを、わくわくしながら見つめていたのを今でも覚えています。母の使っていた数々の美しい色のパウダーは、子どもの私にとって、かっこうの遊び道具でした。

自分が大人になってから、こうしたパウダーを使って化粧品をつくりはじめ、多くの人に、自分で簡単に化粧品がつくれることを知ってもらおうとHPをつくりました。しかし、私のレシピが本になって世に出るとは夢にも思っていませんでした。

学陽書房の山本聡子さんからはじめてメールをいただいてから出版まで、フォトグラファーの南雲保夫さん、スタイリストの石川美加子さん、デザイナーの原圭吾さん、エディトリアルディレクターの川崎敦子さんなど、素敵なプロの仕事人の方々が私の本に関わってくださいました。素晴らしい本にしていただいて本当に心から感謝しています。

この本を通して、たくさんの方に、自然な材料を使った手づくりの化粧品を楽しんでいただけたら嬉しく思います。

執筆に追われているときに娘の世話をしてくれたお母さん、Oralia、Rachel、いつも気にかけてくれていた中井さん、Anne、Steve、ありがとう！
そして夫と娘に…
いつも笑顔をありがとう！

2002年9月 サンフランシスコにて

中村 純子

# Postscript & Bibliography

## 参考文献

**■ミネラル（クレイ、ピグメント、マイカ）**
John Daintith, *The Facts on file Dictionary of Chemistry 3rd. Edition*
(Checkmark Books, 1999)

Rex W. Grimshaw, *The Chemistry and Physics of Clays 4th Edition*
(Ceramic Book and Literature Service, 1971)

**■フレグランスとコスメティック**
Ruth Winter, M.S. , *A consumer's dictionary of cosmetic ingredients 5th Edition*
(Three Rivers Press, 1999)

Nigel Groom, *The Perfume Handbook*
(Chapman & Hall, 1992)

K.Bauer, and D. Garbe and H.Surbug, *Common Fragrance and Flavor Materials 4th Edition*
(Wiley-VCH Verlag GmbH, 2001)

Hilda Butler, *Poucher's Perfumes, Cosmetics and Soap, 10th Edition*
(Kluwer Academic Publishers, 2000)

Peter J. Frosch and Jeanne Duus Johansen and Ian R. White,
*Fragrances - Beneficial and Adverse Effects*
(Springer - Verlag Berlin Heidelberg ,1998)

David H. Pybus and Charles S. Sell, *The Chemistry of Fragrances*
(The Royal Society of Chemistry, 1999)

**■スキンケア**
*Kaiser Permanente Healthwise Handbook*
(Healthwize, Inc., 1994)

**■そのほか**
『成分表示でわかる化粧品の中身』森田敦子
(婦人生活社、2001年)

**著者紹介**

**中村純子**（なかむら・じゅんこ）

1968年、大阪生まれ。商社で貿易実務を経験後、94年に渡米し、カリフォルニア州のCAÑADA大学でスペイン語を学ぶ。高校時代、美容専門学校に通うほど美容に関心をもち、渡米後、手づくりの化粧品づくりをはじめる。
現在はサンフランシスコに在住。手づくりせっけんの販売、自然化粧品の研究・開発のほか、美容に関するビジネスのコンサルティングなどに活躍中。運営しているホームページ「The Pure Soap Journal」は、手づくりせっけんやメイク＆基礎化粧品づくりについての人気サイトになっている。
http://www.juneberries.com/junko/

---

## 自然素材で手づくり！
## メイク＆基礎化粧品
自然のめぐみをからだにもらおう

2002年10月15日　初版発行
2008年 9月10日　10刷発行

著　　者　中村純子
ⓒJunko Nakamura 2002, Printed in Japan.

撮　　影　南雲保夫
スタイリスト　石川美加子
装丁・本文デザイン　原圭吾（工楽社）
エディトリアルディレクション　川崎敦子（PULSE）

発 行 者　光行淳子
発 行 所　学陽書房
　　　　　東京都千代田区飯田橋1-9-3
　　　　　編　集　TEL 03-3261-1112
　　　　　営　業　TEL 03-3261-1111
　　　　　　　　　FAX 03-5211-3300
印　　刷　文唱堂印刷
製　　本　東京美術紙工

ISBN978-4-313-88046-7　C2000

乱丁・落丁は送料小社負担にてお取り替えいたします。
定価はカバーに表示してあります。